MENSCH,
FRAG MICH DOCH EINFACH!

NINA SAUER

MENSCH,
FRAG MICH DOCH EINFACH!

WARUM WIR HUNDE SIND,
WIE WIR SIND, UND TUN,
WAS WIR TUN …

CADMOS

HAFTUNGSAUSSCHLUSS

Autorin und Verlag haben den Inhalt dieses Buches mit großer Sorgfalt und nach bestem Wissen und Gewissen zusammengestellt. Für eventuelle Schäden an Mensch und Tier, die als Folge von Handlungen und/oder gefassten Beschlüssen aufgrund der gegebenen Informationen entstehen, kann dennoch keine Haftung übernommen werden.

Hinweis: Aus Gründen der besseren Lesbarkeit wird auf die gleichzeitige Verwendung der Sprachformen männlich, weiblich und divers verzichtet. Sämtliche Personenbezeichnungen gelten gleichermaßen für alle Geschlechter.

IMPRESSUM

CADMOS *im* CADMOS *Verlag*

Copyright © 2021 Cadmos Verlag GmbH, München

Covergestaltung, grafisches Konzept, Layout und Satz: Gerlinde Gröll, www.cadmos.de

Coverfoto: Shutterstock/Erik Lam

Wiederkehrende Illustrationen und Doodles: Shutterstock/ UZI Binyamin art,Wanchana365, irkus,AlexVecto,Elena Pimukova,Natasha Pankina

Lektorat: Maren Müller, www.babel-fish.de

Druck: www.graspo.com

Deutsche Nationalbibliothek – CIP-Einheitsaufnahme

Die Deutsche Nationalbibliothek verzeichnet diesePublikation in der Deutschen Nationalbibliografie; detaillierte bibliografische Daten sind im Internet über http://dnb.ddb.de abrufbar.

Printed in EU

ISBN: 978-3-8404-2063-4

Sonderedition „Die Bayerische"
ISBN 978-3-8404-8537-4

MIX
Papier aus verantwortungsvollen Quellen
FSC® C010798

Foto: Shutterstock.com/SasaStock

Inhalt

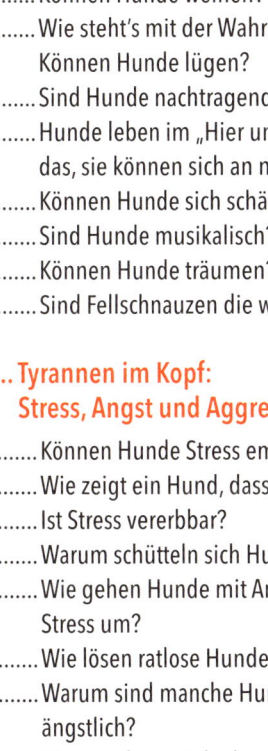

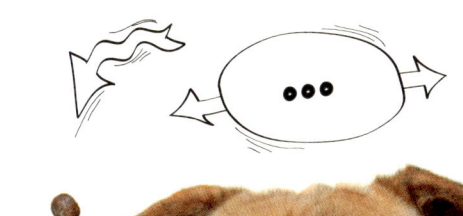

WowWow

Foto: Shutterstock.com Sikorski Fotografie

Mein Name ist Mrs Buddy. Vor neun Jahren habe ich als Erstgeborene unter neun Geschwistern das Licht der Welt erblickt. Wir sind französische Schäferhunde der „Marke" Beauceron. Dank der köstlichen Energydrinks an Muttis Milchbar strotzten wir von Anfang an vor Gesundheit und Lebensfreude. In der Wachstumsolympiade hatte ich die Nase vorn. Überhaupt konnte es mir mit der Entwicklung nicht schnell genug gehen. Immer auf der Überholspur – so bin ich.

Mein Frauchen Nina adoptierte mich im Alter von neun Wochen für einen Neubeginn in unserer Frauenwohngemeinschaft am Starnberger See. Anfangs sind schon mal die Fetzen geflogen. Nina spricht fünf Sprachen, hat die ganze Welt bereist und steht mit beiden Beinen fest im Berufsleben. Sie ist fröhlich und aufgeweckt, aber ihre hündischen Sprachkenntnisse waren – sagen wir mal – limitiert. Mir ging es nicht anders, bis ich „Mensch" verstand. Menschen zeigen sich gegenseitig die Zähne und finden das lustig. Wenn ein anderer Hund meine Zähne sieht, ich schwöre es dir, dem vergeht das Lachen. Na ja, zumindest war das so bis zu dem Zeitpunkt, als ich gleich fünf meiner Prachtstücke dem Zahnarzt opfern musste. Zweibeiner starren sich in die Augen und quatschen dabei nicht nur stundenlang, sondern auch viel zu laut. So was tun wir nicht.

Nicht verstanden habe ich, warum Nina mich gleich am zweiten Tag in meinem neuen Zuhause mit einem Monster mit Rüssel gejagt hat. Als ich merkte, dass es ein Bodenkriechtier ist, sprang ich über das Sofa auf den Tisch. Gerettet. Vase kaputt. Na ja, Scherben bringen Glück, und das sollte ich noch brauchen.

Beim Autofahren wurde mir immer kotzübel. Was machte Nina? Sie sang laute Lieder. Wollte mich wohl beruhigen. Hätte ja klappen können, aber so falsch und laut, wie sie singt, erreichte sie eher das Gegenteil.

Dann kam die Zeit, in der sie Leinenzerren spielen wollte. Erst fand ich es doof, weil ich das Leben meines Kehlkopfs aufs Spiel setzte. Doch als ich es kapiert hatte, wurde ich ständig Tagessieger. Irgendwann gab Nina auf, ließ die Leine los und fiel längs auf den Boden. Ich fand das besonders lustig bei Matsch und Schnee. Tja, sie nicht. Sie ist keine gute Verliererin.

Im Hundekindergarten sollte ich über ein riesiges Klettergerüst laufen. Das trieb mir erst mal den Angstschweiß in die Pfoten. Bis ich die Idee hatte, dass ich vielleicht fliegen kann und es nur noch nicht weiß. Das ging mächtig schief.

Unter all den Lernmethoden, die wir zusammen getestet haben, gefiel mir „Versuch und Irrtum" mit Abstand am besten. Da konnte ich nämlich auch mal etwas allein ausprobieren und hatte schnell Feedback. Damit das Licht bei unserer Stehlampe ausgeht, muss ich sie umwerfen. Verstanden. Das Klingeln von Ninas Handy verstummt, wenn ich den Akku herausbeiße. Einfach. Dass manche Telefone noch eine Schnur haben, habe ich in einem Hotel gelernt. Dass man die Schnur nicht aus der Wand reißen soll, auch.

Meine Beiträge zu buntem und einladendem Wohnen kamen bei Nina nicht gut an. Den Parkettboden habe ich anfangs in Gelb- und Brauntönen aufgepeppt. Das Fenster habe ich mit viel Kraft von den Vorhängen befreit. Sonne, Mond und Sterne konnten uns von nun an jederzeit besuchen. Ich schwöre, die Löcher im Stoff waren schon vorher da. Als ich meine Berufung zum Schuster entdeckte, löste das auch keinen Beifall aus. Dabei waren die Pumps von Frauchen definitiv zu hoch und ich kürzte die glitzernden Absätze fachgerecht. Mangels Wertschätzung habe ich meine Hilfsbereitschaft nach und nach stark reduziert.

Ich bin sehr tierlieb. Einmal rettete ich draußen viele kleine Tierchen und trug sie sicher in meinem dunklen Fell zu uns nach Hause. Komisch, die Winzlinge, die mich so kitzelten, mochte Nina nicht. Sie wollte die Kleinen ertränken. Oje, ich dachte, das Einseifen in der Menschendusche würde gar kein Ende mehr nehmen. Danach hat Nina mich tagelang mit Basilikum und Thymian einbalsamiert. Auf meinen fragenden Blick antwortete sie: „Läuse mögen keine Kräuter."

Auch als ich beim Häufchenmachen den Hang so ungeschickt hinunterrutschte, dass ich mir meine Afterkralle abriss, hielt sich Ninas Begeisterung in engen Grenzen. Meine Überzeugung: „Wer später bremst, ist länger schnell", gab ich nach der dritten Kollision mit einem Baum auf. Ohne Airbag begünstigt das Schulterquetschungen. Ein Feinmotorikwunder bin ich nicht, aber stets mit viel Elan, Tempo und Freude bei der Sache. Ich lebe mein Leben nach dem TETA-Prinzip: totale Entspannung, totale Action.

Ich wollte mir gar nicht alles selbst beibringen müssen. Das ständige Ratespiel, was ich nun darf oder auch

nicht, was Nina mag oder auch nicht, musste ein Ende haben. Frauchen war es auch leid. Ständig saß sie im großen Sorgensessel und las Bücher aus ihrem Selbsthilferegal. Typisch Psychologin: suchte nach dem Zweck der Existenz, obwohl die Antwort schon längst bei ihr wohnte.

Es musste Schluss sein mit dem Orakeln. Aber wie? Kaum hatte ich meinen Wunsch zu Ende gedacht, kam die Wende, die zu tiefem gegenseitigen Verständnis und einer vertrauensvollen stabilen Beziehung führte: Hundeprofi Christoph. Was genau passiert ist, erfährst du später. Meine beiden Operationen im selben Jahr verstärkten diesen Wandel jedenfalls noch. Beide Kreuzbänder kaputt. Sehr schmerzhaft, aber Heilung für Nina und mich. Wir waren zwölf Wochen ans Haus gefesselt. Kein Herumtollen mit anderen Hunden, keine Geschäftsreisen für Frauchen. Nur wir – 24/7. Zeit, uns noch mal neu kennenzulernen. Meine Beine heilten und Nina nutzte die Zeit, um einen handfesten Burn-out zu kurieren und zu begreifen, was wichtig im Leben ist. Das war nicht ihr heiß geliebter Job, der ihre Gesundheit ruinierte und den sie wenig später aufgab. Das war ich, der fröhliche Wirbelwind Mrs Buddy.

Wir stellten ein paar Spielregeln auf. Nina darf nicht in mein Bett, dafür sind das Badezimmer und der Abrakadabra-Schrank Sperrgebiet für mich. Ich bekam zum ersten Mal ein eigenes Zimmer. Dort gibt es viele Betten und ich kann meine Familie und Hundekumpels zum Spielen und Übernachten einladen. Das Sofa im Wohnzimmer gehört Nina. Ich darf sie besuchen, aber nur auf meiner eigenen Decke liegen. Das ist okay für mich, denn meine Decke nimmt zwei Drittel des Sofas ein und ich kann mich gut ausstrecken. Nina braucht nicht so viel Platz.

Frauchen kocht für mich. Im Gegenzug sorge ich dafür, dass nichts anschimmelt, und schlecke meinen Napf gründlich aus. Jeder hat sein eigenes Futter, das strikt getrennt im Abrakadabra-Schrank aufbewahrt wird. Ich glaube, Nina nascht manchmal heimlich von meinem Futter. Solange sie nicht an meine Ochsenziemer geht, sage ich nichts.

Klar vereinbart ist auch, dass ich Dreck ins Haus trage und Frauchen den Müll rausbringt. Bei den Hausarbeiten lasse ich ihr auch sonst die größtmöglichen Freiheiten. Sie kann ihren Sauberkeitswahn ausleben, ich mische mich nicht ein. Das Geld für den Hundefriseur sparen wir uns. Ich haare, so viel es geht. So habe ich immer ein Topstyling und glänzendes Fell.

Tagsüber lasse ich Frauchen weitgehend ungestört in ihrem Büro arbeiten. Ich brauche meine 18 Stunden Ruhe am Tag, sonst werde ich quengelig. Termine vor 10 Uhr morgens sind mit mir nicht zu machen. Meinen Schönheitsschlaf und all die spannenden Träume sollte man besser nicht unterbrechen.

Bei unseren Ausflügen kümmere ich mich rührend um Frauchen: Prime Time für Nina. Sie bekommt meine volle Aufmerksamkeit. Ob beim Tannenzapfenschießen, Ballwerfen, Versteck- und Fangenspielen, bei Schneeballschlachten oder beim Fahrradfahren, mir ist nichts zu viel, solange sie sich freut. Im Sommer schwimme ich mit ihr durch den See. Früher sind wir zusammen auf ihrem Stehpaddelbrett gefahren. Ich lag vorn, Nina paddelte eifrig. Heute sitzt sie bequem drauf und ich ziehe das Brett samt ihr durchs Wasser. Warum sie mir eines Tages die Wasserschutzpolizei auf den Hals gehetzt hat, erzähle ich später.

So haben wir unser Leben organisiert und kommen prima miteinander aus. Missverständnisse sind selten geworden. Nina ist heute viel entspannter. Sie hat von mir gelernt, was es bedeutet, im Hier und Jetzt zu leben.

Fotos: Archiv Sauer/Florian Trallmar

Sie riecht die Blumen, freut sich über Schmetterlinge und rast nicht mehr im Stechschritt durch den Wald. Ihre Grübelitis hält sich in Grenzen. Sie packt auch nicht mehr permanent ihren kleinen schwarzen Koffer, um durch die Welt zu fliegen. Wir leben ein Leben auf der Sonnenallee und ich bin glücklich, dass ich Nina begleiten darf.

Wie viel Geld, Zeit und Tränen Nina in mein Training investiert hat, ganz zu schweigen von ihrer Ausbildung zur Tierpsychologin, weiß ich nicht. Ich dachte mir nur die ganze Zeit: **Mensch, frag mich doch einfach!**

So entstand die Idee zu diesem Buch. Zusammen mit meinen Freunden aus dem Club der weisen Hunde beantworte ich dir 150 Fragen, die sich im Kern darum drehen: **Warum wir Hunde sind, wie wir sind, und tun, was wir tun – oder eben auch nicht!**

Dein Hund ist kein Fall für „Aktenzeichen XY … ungelöst". Dieses Buch wird dir helfen, deinen vierbeinigen Liebling besser zu verstehen. Wir liefern keine Trainingsanleitungen. Stattdessen gewähren wir dir einen tiefen Einblick in unsere facettenreiche Gedanken- und Gefühlswelt, entschlüsseln missverständliche Kommunikation. Du kannst auf dieses Buch viele Hundeleben lang als Nachschlagewerk zurückgreifen. Wenn bei dir und deinem Vierbeiner doch mal der Haussegen schief hängt, kennst du wenigstens das Warum und kannst angemessen reagieren. Wir erklären dir unser Verhalten aus der Hundeperspektive, werden dich zum Staunen und Schmunzeln bringen und das Leben an beiden Seiten der Leine ein Stück weit besser machen. Erfahre nun, warum wir sind, wie wir sind: mal unartig, mal eigenartig, mal großartig – aber immer einzigartig!

Über den Club der weisen Hunde

Mrs Buddy: Du fragst, warum ich den Club der weisen Hunde gegründet habe? Na ja, weil es viel zu stressig ist, ein ganzes Buch allein zu verfassen. So was tut sich kein normaler Hund an. Außerdem möchte ich mit den unterschiedlichen Meinungen, Temperamenten, Neigungen und Lebenserfahrungen der Clubhunde verdeutlichen, dass Hund nicht gleich Hund ist. Nicht nur innerhalb einer Rasse, nein, sogar in einem Wurf entfalten sich verschiedene Persönlichkeiten. Ich apportiere für mein Leben gern, bin verrückt nach Bällen und habe eine Leidenschaft für Tannenzapfen. Keines meiner Geschwister käme auf die Idee, einem Ball hinterherzusausen. Nur weil eine bestimmte Rasse in unserem Ausweis steht, halten wir uns noch lange nicht an „typische" Eigenschaften. Dennoch ist es unwahrscheinlich, dass ein mächtiger Molosser mit Freude durch bunte Reifen springt und einen Hundetanzkurs belegt. Ein Havaneser eignet sich eher nicht als Rinderherdenbeschützer, und ein gelassener, souveräner Bernhardiner ist selten ein Gartenzauntyrann.

Auf den nächsten Seiten stellen sich dir die Clubmitglieder vor: Meine ältesten Freunde sind der lustige, mutige Beagle Butkus und Eloy, ein in sich ruhender weiser Irish Setter, der auch Wölkchen genannt wird. Mops Luna kam auf der Hundewiese im Designergeschirr mit einem „Wonder Woman"-Glitzeranhänger daher. Schnell erkannte ich ihren Sinn für Humor. Rocky ist eher ein untypischer Vertreter der Golden Retriever. Er apportiert nicht gern, im Gegensatz zu Valina, einer kernigen Labbi-Vizsla-Dame. Königspudel Einstein hat die Weisheit für sich gepachtet und macht es sich gemütlich im Besserwisserland. Für Airedale Terrier Bruno war leider eine ganze Weile das Unglück sein fester Begleiter. Hovawart Happy macht seinem Namen alle Ehre und tobt sich als Rettungshund in den Bergen aus. Kangal Rasmus geht völlig in seinem Job als Schafherdenbeschützer auf. Für viel Freude sorgt die kleine Havaneserin Lady, die am liebsten als Zirkushund arbeiten würde. Die Huskydame Simba findest du joggend in den Schweizer Bergen. Immer Unfug im Kopf hat Lucy, eine stattliche Dobermannfrau. Die freche Dackelhündin Chantal kann ihre Pfoten nicht von Mäusen und Füchsen lassen. Amy, ein Schlitzohr und eine brillante Strategin, ist ein Aussie. Und zu guter Letzt geht der Preis für Unbeschwertheit, Gemütlichkeit und Loyalität an Hyggeli, eine Irische Wolfshündin. Trotz der ungleichen Charaktere, der Launen und Vorlieben haben wir Clubhunde alle etwas gemeinsam: Jeder von uns hat seine individuelle liebenswerte Macke und freut sich, wenn er einfach mal Hund sein darf. Und nun lerne meine Co-Autoren besser kennen oder blättere gleich zu den Fragen, die dir am meisten unter den Nägeln brennen.

Der Club
der weisen Hunde stellt sich vor

Beagle Butkus

Servus, griaß di! Ich bin Butkus, ein neun Jahre alter Beagle, der Sonnenschein meines Herrchens Johannes. Er hat mich Prachtstück aus dem Tierheim geholt. Das war eine göttliche Eingebung und das Beste, was er für sich tun konnte. Ich bin sein treuester Begleiter. Mein Herz verschenke ich nicht leicht, aber wenn, dann für immer.

Als bayerisches Urgestein weiß ich genau, was ich will, und strotze vor Selbstbewusstsein. Durch meine gewinnende Art und Liebenswürdigkeit verstehe ich mich mit anderen Hunden top. Aber wenn mich einer blöd von der Seite anmacht, schrecke ich auch vor Huskys und noch größeren Hunden nicht zurück. Mit meiner Schulterhöhe von 35 Zentimetern und 14 Kilo Lebendgewicht – na ja, manchmal sind es auch 17 Kilo – gehöre ich zu den kleinen Jagd- und Schweißhunden. Als Hochleistungsschnüffler finde ich nicht nur vermisste Menschen. Wenn Johannes versehentlich etwas Essbares in den Mülleimer wirft, hole ich das mit Engelsgeduld raus und sortiere den Müll dabei neu.

Ich weiß, dass ich oft als Inbegriff von Sturheit bezeichnet werde. Das tut meiner sensiblen Seele weh. Die Wahrheit ist, dass mir meine unglaubliche Intelligenz vorschreibt, nur energieeffiziente Dinge zu tun. Warum laufen, wenn man sitzen kann? Kürzlich hatte Herrchen wieder einen seiner blitzgescheiten Einfälle. Er hat uns ein E-Bike gekauft, das ein ultrabequemes Hundehaus vor sich herschiebt. Genial. Da springe ich gerne rein, das Teil rollt mit mir durch die Straßen und Felder. Ich, ganz vorn, habe alles im Blick mit null Anstrengung.

Pfiat di!

Irish Setter Eloy, alias Wölkchen

Hallihallo! Eigentlich heiße ich Eloy und bin ein Red and White Irish Setter. Mein philosophisches Dasein hat mir jedoch den Spitznamen Wölkchen eingebracht. In den vergangenen 13 Jahren habe ich mir den Status des weisen, gelassenen Buddhas erarbeitet. Ich bin ein Tagträumer. In meinem La-La-Land sehe ich rosa Hirsche und tanzende Hasen. Mein langes, seidig glänzendes rot-weißes Haarkleid unterstreicht meine zarte Seele und mein höfliches, sympathisches Wesen. An meiner Rute und meinen Beinen verleihen mir Haarfedern eine äußerliche Leichtigkeit, die ich auch in meinem Herzen trage.

Dort ist ein riesengroßer Platz für mein Frauchen Christiana. Sie hat mich aus meiner nicht so glücklichen Welpenzeit befreit. Weder meine Hundemutter noch meine Geschwister, die alle viel größer und stärker waren als ich, wollten mit mir etwas zu tun haben. Traurig. Ganz besonders schätze ich an Christiana, dass sie mich

nun in Würde altern lässt. Ich habe kein Problem mit dem Verwelken meiner Jugendlichkeit, aber meine Eigenständigkeit muss ich mir erhalten. Gut, der Lack ist ein bisschen ab. In meinen geschmeidigen athletischen Gang mischt sich ein Humpeln. Ich habe „Rücken", viele „Chorproben" in meinem Darm, meine Schultern und Gelenke sind nicht mehr TÜV-tauglich – aber mit dem Popo wackeln, das klappt noch gut und entzückt die Damenwelt.

Meine jugendliche Blütezeit flackerte mit dem Einzug der stürmischen, vorwitzigen Mischlingshündin Frieda unvorhergesehen erneut auf. Mit souveräner Gelassenheit brachte ich der geschätzt Dreijährigen den Hunde-Knigge bei. Jammerschade, dass Frieda kastriert ist. Gern hätte ich Christiana vierbeinige Andenken hinterlassen, wenn ich eines Tages über die Regenbogenbrücke gehe.

Tschau!, sagt Wölkchen.

Mops Luna

Guck-guck! Hier spricht Luna, eine sechs Jahre alte charmante Mopsdame. Mein bezauberndes antikes Frauchen Rosie ähnelt mir immer mehr – ich habe mein zerknautschtes Gesicht und meine Falten ja schon von Geburt an. Pssst … nicht verraten, auch beim Schnarchen stehen wir uns in nichts nach. Ich bin kurzatmig, Frauchen auch. Weil ich so klein bin, denken viele Menschen, sie müssten mich beschützen. Das ist Blödsinn. Als robuste, selbstsichere Dame stehe ich mit allen vier Pfoten im Leben.

Ach Göttchen, ich gestehe, ich bin das leibhaftige Trauma jedes Allergikers und Putzteufels. Ich haare das ganze Jahr hindurch. Sonnenanbeter und Sportgranaten werden auch nicht viel Freude mit mir haben. Große Hitze und körperliche Strapazen passen nicht in meine Mopswelt.

Mein Frauchen und ich haben ein gemeinsames Lebensmotto: Wir sind Opportunisten. Wir nutzen die Kraft der positiven Gedanken, sind Frohnaturen und machen das Beste aus unangenehmen Erfahrungen. Pssst … nicht weitersagen. Rosie und ich kämpfen mit dem Reizdarmsyndrom. Aber wir nehmen es mit Humor und kategorisieren unsere Fürze. Grün sind die leisen, die unbemerkt und nahezu geruchlos nach Freiheit suchen. Die gelben machen etwas mehr Lärm, riechen streng, schaffen jedoch unglaubliche Erleichterung. Bei den roten wird es geruchstechnisch ernst. Die rotbraunen sind für Frauchen eine soziale Benachteiligung und selbst für ihre dunklen kochfesten Schiesser-Feinripphöschen eine Herausforderung. Ich liebe Rosie bis zu den Sternen und zurück für ihre Tönchen. Denn die sagen mir, dass sie mit ihren 78 Jahren noch sehr lebendig ist. Ahoi!

Foto: Shutterstock.com/Eric Isselee

Golden Retriever Rocky

Herzlich willkommen! Darf ich mich vorstellen? Mein Name ist Rocky. Mit meinem sonnigen Gemüt enthusiasmiere ich nicht nur meine Artgenossen. Nach dem Verschwinden meines Frauchens Trudy gewann ich im Nullkommanix die Herzen meiner neuen Adoptivfamilie Beierlein. Mit den beiden Kindern Kikki und Rike tolle ich stundenlang im Haus herum. Ich lasse mich ausgiebig kraulen und verteile feuchte Küsschen. Mein freudig wedelnder Schwanz ist ständig von Muskelkater bedroht.

Wenn du die Inkarnation von Zutraulichkeit, Warmherzigkeit und Korrektheit suchst, hast du sie gerade gefunden. Ich sortiere das Spielzeug der Kinder jeden Abend nach Größe und Farben. Auch meine Leinen müssen akkurat nebeneinander auf gleicher Länge an der Garderobe hängen. Mit Chaos und Unordnung kann ich nicht umgehen. Ich bin der Typ, der den Rasen im Vorgarten mit der Nagelschere nachschneidet. Bei meinem Futter lege ich größten Wert darauf, dass nicht alles vermischt in meinem Napf landet. Fleisch und Gemüse müssen getrennt serviert werden. Mein Frauchen Pia hat anfangs mein Futter mit Salatblättern dekoriert, was die Ordnung der Dinge störte. Die musste ich einzeln herausfischen.

Man sagt, Golden Retriever hätten das Apportieren für sich erfunden. Ich nicht. Ich trage meine Beute im Maul spazieren. Einen Ball zu meinem Herrchen Thorsten zu bringen, damit er ihn wieder wegwirft, ergibt für mich keinen besonderen Sinn. Mein Element ist das Wasser. Wie ein Fliteboard schwebe ich über den See, ganz ohne Elektroantrieb. Mein hohes Alter von zwölf Jahren schränkt meine Aktivitäten an Land stark ein. Klettern wie Spiderman ist nicht mehr drin. Trotzdem bin ich entzückend und lebensbejahend. Hochachtungsvoll, dein Rocky.

Labrador-Vizsla-Mischling Valina

Hey, Leute! Endlich bin ich dran, die temperamentvolle Valina. In mir stecken ein frecher Labrador Retriever und ein heiterer Magyar Vizsla. Optisch hat sich mein Vizsla-Papa nicht durchgesetzt. Die genetische Schere hat mich zwar geprägt, aber meine zwei Ichs kommen gut miteinander klar. Sie lieben beide das Wasser, haben eine umwerfende Spürnase und apportieren mit grenzenlosem Enthusiasmus. Der Vizsla in mir ist leicht erziehbar, aber der Labbi setzt sich gern energisch durch und nimmt Frauchen nicht immer ernst.

Apropos Frauchen: Angie ist die lustigste Frau, die ich kenne. Sie kocht hervorragend, spielt Tennis und Mikado und ist blitzgescheit. Erst kürzlich ist sie bei einem riesigen Pharmakonzern zur Genderbeauftragten aufgestiegen. Sie liebt ihren Job und setzt sich gnadenlos für Gerechtigkeit ein. Seither verzichten wir aus Gleichstellungsgründen auf unser Frühstücksei. Angie sagt: „Erst wenn Hähne Eier legen können, gibt's wieder ein Sonntagsei."

Ich bin sechs Jahre alt und etwa 54 Zentimeter groß. Mein Hüftgold trage ich mit Würde. Das kommt vom Schnabulieren. Steht mir aber gut, sagen die Rüden weit über die Dorfgrenze hinaus. Die Abschlussprüfung zum Zollspürhund haben Frauchen und ich leider versemmelt. Ich habe die weiße Pulverdroge zwar artig angezeigt, dann aber eine Tüte Minisalamis aus dem Rucksack des Reisenden samt Verpackung verschlungen. Ich fand's nicht schlimm, die Salami hatte ich mir ja verdient. Aber Frauchen hat sich mit Faktor 1000 fremdgeschämt. Vielleicht hätte ich mit Angie teilen sollen? Was soll's?

Leute, wir hören uns später noch. Bye-bye sagt der Labbi, und der ungarische Vizsla bellt: Viszontlátásra!

Königspudel Einstein

Grüß Gott! Mein Name Einstein passt zu mir. Bei der Vergabe der Intelligenz wurden wir Großpudel königlich beschenkt, sicher heißen wir auch deshalb Königspudel. Ich bin sehr lernbegierig, liebe Kunststücke und Geschicklichkeitsspiele. Im Agilityparcours übertreffe ich mich selbst. Wenn einer alle Tricks und Finessen kennt, dann ich. Aber noch wichtiger ist, stets auf ein sicheres Auftreten zu achten, auch bei völliger Ahnungslosigkeit. Unter meiner weißen, fein gekräuselten wolligen Lockenpracht zeichnet sich ein schlanker, athletischer Körper ab. Mit meinen fünf Jahren stehe ich voll im Saft, bin pumperlgsund. Mit meinem Herrchen Max trainiere ich für den Marathon und ich schwimme für mein Leben gern mit ihm im See.

Die Familie steht für mich ganz oben.

Mit meinem Max gehe ich durch dick und dünn. Meistens jedenfalls. Denn bei meinen Trieben ist irgendetwas durcheinandergeraten. Mein genetischer Jagdinstinkt auf Wasservögel ist verkümmert. Stattdessen vögle ich für mein Leben gern. Max sagt immer: „Der Impotente will, aber kann nicht. Der Frigide kann, aber will nicht. Der Senile kann und will, aber weiß nicht mehr was. Einstein will immer, aber keine lässt ihn an sich ran." Da hat er wohl leider recht. Manchmal denke ich, wenn ich noch einmal abgewiesen werde, dann fressen sich meine Spermien gegenseitig auf. Der Duft der Weiblichkeit steigt mir über Kilometer in die Nase. Kein Gartenzaun ist mir zu hoch. Ich spüre, wie mein eleganter Gang und meine tadellose Taille Blicke auf sich ziehen. Trotzdem scheinen die Willigen und Nichtkastrierten vom Aussterben bedroht zu sein. Ich komme einfach nicht zum Zug.

Servus und baba!

Airedale Terrier Bruno

Morje! Ich bin Bruno, ein waschechter Airedale Terrier und ein Verhütungsfehler auf vier Pfoten. Nach dem Tod meiner Hundemama wurde ich als sechswöchiger Welpe mit fünf erwachsenen Hunden in einen Käfig gesteckt. Dessen kalter, gefliester Boden war unsere Schlafstätte und Toilette. Meine aggressiven Mitbewohner piesackten mich. Dem Inbegriff der Welpenverachtung bin ich begegnet, als ich gerade mal laufen und mich notdürftig ausdrücken konnte. Ein Albtraum, in dem es Neurosen für mich regnete. Ich versank im Weltschmerz, bis ein riesiges Auto vorfuhr und mich in ein schönes Tierheim brachte.

Dort fanden mich Frauchen Carlotta und Herrchen Marvin. Sie luden mich auf ihren Hof in Köln ein. Ich wollte alles richtig machen, brachte aber nur Knatsch ins Haus. Ich kotete und urinierte auf die Bodenfließen. So hatte ich das gelernt. Im Hof lief ich ständig im Kreis und versuchte, meinen Schwanz zu fangen. Meine Zehen beleckte ich, bis sie blutig wurden. Aus dem Wassernapf konnte ich nicht trinken aus Angst vor dem Hundekopf, der sich darin zeigte. Frauchen zwickte ich in die Waden. Ich war ein Fall für den Tierpsychologen. Persönlichkeitsstörungen sind schließlich kein Schnupfen.

Mein geduldiges, liebevolles Frauchen sagt immer: „Lieber Bruno als gar keinen Ärger!" Je mehr Vertrauen ich in meine Menschen gewann, desto deutlicher reduzierten sich meine Zwangshandlungen und Angstattacken. Bis zu dem Tag, an dem mein Gehirn Insolvenz anmeldete und mich in die Pubertät schickte. Da stecke ich jetzt voll drin, verstehe die Welt nicht mehr und frage mich: Ist das jetzt nur eine Phase oder bleibe ich für immer so bescheuert?

Mach et joot un meld dich ens!

Hovawart Happy

Guten Tag! Ich heiße nicht nur Happy, sondern bin es auch. Obwohl ich erst fünf Jahre alt bin, habe ich schon die ersten grauen Haare. Das kommt wohl daher, dass ich meinen Job gewissenhaft ernst nehme. Mein Herrchen Stephanus hat mich mit eineinhalb Jahren zum Fährten- und Rettungshund ausgebildet. Ich liebe es, wenn ich mit der Bergwacht unterwegs bin und Menschen in misslichen Lagen helfen kann. Bisher war ich immer so schnell, dass alle Abgestürzten lebend geborgen werden konnten. Das motiviert mich. Auch zu Hause bin ich leidenschaftlich unterwegs und schirme alles ab, was für Frauchen und Herrchen auf unserem großen Landsitz zur Gefahr werden könnte. Um meine Vorstellungen von der Welt und ihrer Ordnung zu verwirklichen, entfalte ich Kreativität und beweise Beharrlichkeit.

Zum Leidwesen meiner Menschen habe ich meinen eigenen Kopf und Willen, treffe selbstständig Entscheidungen und setze diese auch durch. Mit meinen 45 Kilo strotze ich vor Kraft und meine Schulterhöhe von knapp 70 Zentimetern lässt mich mächtig wirken. Ich bin ein Meister im Drohen und pfeilschnell, wenn ich angreifen muss. Zu meiner Menschenfamilie habe ich ein inniges Verhältnis, aber ich wäre kein Hovawart, wenn ich nicht jedes Kommando von Herrchen Stephanus und Frauchen Jasmin auf Sinnhaftigkeit prüfen würde, bevor ich mich durchringe, es auszuführen. Es bringt auch nichts, zu mir zehnmal am Tag „Aus, Pfui!" zu sagen. Das blende ich einfach aus.

Mit der dreijährigen Tochter Maggie hüte ich ein großes Geheimnis. Wir beide kümmern uns um zwei elfenbeinfarbene Mäuse im Stall. Maggie füttert sie. Ich bin der perfekte „Katzenbeschleuniger" und halte den Mäuslein die Katzen des Nachbarhofs vom Leib.

Liebe Hundefreunde, ich sage jetzt: Bis später, macht's gut und bleibt immer schön trittsicher!

Kangal Rasmus

Merhaba! So sagt man freundlich Hallo in der Türkei. Dort habe ich, ein imposanter und herzensguter Kangal namens Rasmus, meine Wurzeln. Mit meinem Frauchen Caroline, Herrchen Guido und den beiden Border Collies Sunny und Tyson lebe ich in einem 2,5 Hektar großen Naturpark in Bayern. Als Herdenschutzhund der Meisterklasse bin ich spezialisiert auf das Vertreiben von Eindringlingen. Meine Herde besteht aus über 100 gehörnten und hornlosen Heidschnucken sowie fünf Thüringer Waldziegen. Ich arbeite selbstständig und setze mich mit meiner ganzen Macht und Größe rigoros durch. Ich vertreibe jeden Wolf im Alleingang.

Meine Menschenfamilie und die beiden Collies wohnen in einem gemütlichen Holzhaus. Ich bin Tag und Nacht im Park bei meiner Herde. Wind und Wetter machen mir nichts aus. Die dichte, wärmende Unterwolle unter meinem Haarkleid und meine eigene kuschelige Holzhütte schützen mich. Meistens liege ich jedoch oben auf dem Dach, um den perfekten Überblick zu haben.

Mehr Glück im Leben als ich kann man gar nicht haben. Nicht nur, dass ich meine größte Leidenschaft als Beschützer tagtäglich ausleben darf, ich habe auch noch einen genialen Nebenjob: Deckrüde. Der Trend beim Decken geht ganz klar weg von der Cousine und hin zur Partnerwahl außerhalb der Familie. Die optische Vorauswahl meiner begattenswerten Hündinnen trifft Frauchen Caroline. Sie surft stundenlang auf namhaften Hundedating-Portalen: elitepartner.hund, dogship.zweisam oder tinder.dogs. Du weißt ja, alle elf Sekunden verliebt sich ein Hund … Wir fahren oft lange Strecken, um die Auserwählte kennenzulernen. Schließlich klappt's nur, wenn wir uns beide gut riechen können. Aber auf Carolines treffsichere Vorauswahl konnte ich mich bisher stets verlassen. Güle güle und tschüss!

Foto: Shutterstock.com/Bilal Kocabas

23

Havaneserin Lady

Moin Moin! Ich bin Lady, eine neunjährige Havaneserin. Mit Herrchen Tobias und Frauchen Talia wohne ich im Raum Hannover. Mein cooler Nachname „From the little Heroes" zeichnet mich als reinrassig aus. Dass ich ein kubanischer Zirkushund bin, merkt man mir sofort an. Ich bin total wissbegierig, lerne im Nullkommanix und liebe es, wenn um mich herum ordentlich Action ist. Bei uns im Ort bin ich bekannt wie ein bunter Hund. Wenn du nach der Bordsteinprinzessin fragst, weiß jeder, dass ich das bin und wo ich wohne. Natürlich kann ich auch auf den Hinterpfoten tanzen, High five, Sitz, Platz, toter Hund und viel mehr. Das macht enorm Spaß. Nur die Fahrradfahrer finde ich doof. Immer wenn einer kommt und Frauchen „Fahrrad" sagt, muss ich mich hinsetzen und warten.

Jetzt, wo ich ein bisschen älter werde, kuschle ich supergern. Das wärmt nicht nur die Seele, sondern auch die Füße von Frauchen. Und was ich schon von klein an prima konnte: schlafen! Herrchen sagt immer, dass ich ein fauler Hund bin, weil ich gern mal bis zwölf Uhr mittags im Bettchen liege. Was für ein hundsgemeines Klischee! Ich würde liebend gern fleißig arbeiten, aber es gibt hier schon lange keinen Zirkus mehr. Ach ja, fast vergessen: Für mein Frauchen ist es das A und O, dass ich nicht haare, weil sie eine Allergie hat. Herrchen meint: „Haart nicht. Riecht nicht. Ist bei 30 Grad waschbar." So, ich hole mir jetzt ein Leckerli und muss dann unbedingt in den Garten. Dort kann ich so toll Eichhörnchen beobachten.

Hasta la vista!

Siberian Husky Simba

Grüezi! Mein Name ist Simba. Mein Frauchen Sofia und ich leben am Fuße des Gletschers Titlis in Engelberg in der Zentralschweiz. Sofia ist Profi-Triathlonläuferin und Skispringerin und ich bin ihr Sparringspartner beim Sport. Wir teilen unsere Liebe für Berge, Schnee und jegliche Outdoor-Aktivitäten. Mindestens vier Stunden täglich toben wir uns aus beim Schneeschuhlaufen, Schlitteln, Snowboarden, Skifahren, Nordic Walking, auf Klettertouren, beim Radeln und Schwimmen. Kein Problem für einen sechsjährigen Husky wie mich.

Beim Schlittschuhlaufen auf dem Trübsee sind wir einmal fast ertrunken. Im wahrsten Sinne des Wortes haben wir uns auf dünnes Eis begeben und sind voll eingebrochen, direkt in die „Tiefkühltruhe". Ich habe es ertragen wie ein Rüde und ganz laut nach Mutti geschrien. Meine buschige Rute war ein Eiszapfen, mein Pillermann schmerzhaft auf ein Minimum reduziert. Die Bergwacht brachte die Frostbeulen bei Frauchen zum Schmelzen. Überlebt. Unbekümmertheit dahin. Auf Suaheli bedeutet mein Name: Löwe. Und ich sage es dir, wenn es um Frauchens oder mein Überleben geht, kämpfe ich wie einer.

Bei uns im Ort bin ich sehr beliebt. Ist klar. Ich bin kontaktfreudig, sanftmütig und habe ein unbeschwertes, zuvorkommendes Wesen. Mit meinen spitzen Öhrchen und meinen stechenden blauen, leicht schräg gestellten Augen verzaubere ich fast alle Engelberger. Als Wach- oder Schutzhund bin ich ungeeignet. Ich bin nicht aggressiv und glaube an das Gute im Menschen. Nach unseren exzessiven Touren mache ich es mir lieber vor dem Kamin gemütlich. Mein Jagdtrieb ist nur noch komatös vorhanden. Es gibt spannendere Dinge, die ich draußen erleben kann.

Uf Wiederluege!

Foto: Shutterstock.com/Erik Lam

Dobermannfrau Lucy

Hallo, hier ist Dobermannfrau Lucy! Für mein Frauchen Sandra bin ich eine liebenswerte Herausforderung auf vier Beinen. Sie muss sich verdammt oft für mich entschuldigen. Bis zum Frühstück habe ich nicht selten schon drei ethische Grenzen überschritten …

Ich bin ein agiles Kraftpaket und eine herausragende Wach- und Schutzhündin. Frauchen beschreibt mich als einen prächtig gelaunten Wirbelwind, der immer für eine Überraschung gut ist. Für eine elegante dreijährige Dame bin ich mit meiner Schulterhöhe von 70 Zentimetern recht groß ausgefallen. Das beeindruckt nicht nur Rüden.

Wo es was zu gucken gibt, stecke ich meine feuchte Nase rein. Bei meinem Versuch, tote Hühner zum Fliegen zu bringen, habe ich mir meine Schnauze gehörig am Grillrost verbrannt. Während eines Kurzurlaubs bei Nina gingen wir auf den Münchener Viktualienmarkt. Neben uns stand eine alte Dame mit einem Korb voller gelber Blumen. Blumen habe ich zum Fressen gern. Leider hat mich meine sonnengelbe Schnauze verraten. Es gab mächtig Ärger. Auf dem Heimweg gab es einen weiteren Zwischenfall. Eine Blumenverkäuferin bückte sich, um etwas einzupflanzen. Zack, steckte ich meine Schnauze unter ihren Rock: Ano-Genital-Kontrolle – so was machen wir Hunde nun mal. Sie drehte sich um und schrie einen Mann an, weil der ihr angeblich unter den Rock gefasst hätte. Auweia. Der unschuldige Mann war in Schwierigkeiten.

Action finde ich super und ich bin sehr sportlich. Zeig mir einen Schwarm schwarzer Vögel und das Wort Galoppieren bekommt eine neue Bedeutung. Draußen gebe ich richtig Gas. Zu Hause kann ich gar nicht genug Streicheleinheiten von Sandra bekommen und liebe es, mit ihr zu chillen.

Bis später, Leute!

Foto: Shutterstock.com/Maja H.

Dackel Chantal

Horrido! sagt Dackeline Chantal. Ich bin knapp ein Jahr alt und überzeugt, dass ich aus einem Traumhundgenerator stamme.

An und in mir ist alles zur Perfektion ausgereift. Die Mischung aus meiner unbeschreiblichen Intelligenz, blitzschnellem Einschätzen von Situationen und meiner schier unvorstellbaren Entscheidungsfreudigkeit macht mich zu der grandiosesten kurzbeinigen Lebenskünstlerin unter der Sonne.

Heldenmütig, waghalsig, manchmal zum Draufgängertum neigend, bin ich nicht zu bändigen, wenn ich eine Maus oder einen Fuchs rieche. Mit so einem Rotschwanz kämpfe ich unerbittlich in seiner Höhle, bis er die Flucht ergreift. Schrammen nehme ich in Kauf, Verlieren kommt nicht infrage.

In freier Natur bin ich so wild, dass meinem Frauchen Ursel und meinem Herrchen Benjamin der Atem vor Angst stockt. Jagen ist meine Leidenschaft. Wenn Ursel keine Zeit zum Einkaufen hat, besorge ich das Kaninchen. Hilfsbereitschaft ist wichtig. Meine Familie habe ich gut im Griff. Als begnadete Schauspielerin bin ich eine Meisterin darin, meine Menscheneltern um die Pfoten zu wickeln. Das Ziel meiner Wünsche erreiche ich immer. Mein unschuldiger Dackelblick genügt, schon fliegt ein Bonushappen in meine kleine Schnauze.

Ich bin freundlich, ausgeglichen und begleite Herrchen und Frauchen mit Vergnügen. Allerdings habe ich, was deren Erziehungsmaßnahmen betrifft, eigene, eingewurzelte Vorstellungen. Ich hinterfrage jede Instruktion. Wenn es in meinem Hundehirn Sinn ergibt, kann ich sehr gehorsam sein. Wenn nicht, sage ich nur: „Fuck you very much!"

Horrido und hussassa!

Australian Shepherd Amy

G' day luv! In mir, der unwiderstehlichen Amy, fließt das Blut großer Hütetalente. Mein Frauchen Raquel würde mich als Schlitzohr mit viel Kokolores im Hirn beschreiben. Wenn du mich fragst, bin ich eine perfekte Strategin, insbesondere, wenn es um Nahrungsfindung geht. Ich klaue schon mal gern, was Menschen so fallen lassen. Seit ich Restaurantverbot bekommen habe, ist mein Leben eindeutig schwieriger geworden. Allerdings bin ich mit meinen sieben Welpen Herausforderungen gewohnt. Während mir der Magen knurrt, hängen die kleinen Vampire permanent an meiner Milchbar. Ich bin alleinerziehende Mama. Der Hundepapa hat sich aus dem Staub gemacht. Ist nicht wirklich ein Verlust für uns. Der hatte zwar Stahl in der Hose, aber Pudding im Hirn.

Ich bin eine megaaktive Australian-Shepherd-Hündin, ein ausdauernder Workaholic. Mein Herrchen Rudolph hat mich zum Suchhund ausgebildet. Wenn die Welpen nicht wären, würde ich noch gern ein Studium zum Therapiehund dranhängen. Rudolph meint, dazu sei ich mit meinen vier Jahren schon zu alt. Zudem bin ich seine persönliche Therapeutin, wenn er nach Raquels brasilianischen Temperamentsausbrüchen mal Dampf ablassen muss. Auf Streitigkeiten lasse ich mich erst gar nicht ein, bin normalerweise die klassische Krisenvermeiderin. Dennoch bin ich wachsam, fremden Menschen und Hunden gegenüber reserviert und sofort verteidigungsbereit, wenn es um mein Revier geht. Das haben die meisten Hütehunde im Blut. Eigentlich alle, außer Mrs Buddy. Die lässt jeden in ihr Revier und freut sich über Besuch. Ist ja auch eine höfliche Französin und keine typische Aussie-Dame.

Cheerio!

Irische Wolfshündin Hyggeli

Hallöchen! Mein Name Hyggeli kommt aus dem Dänischen. Hygge steht für gemütlich. Und so bin ich: der Inbegriff der Gemütlichkeit. Man sieht es mir nicht gleich an, dass ich zum Stamme der rauhaarigen Windhunde gehöre. Früher wurden wir für die Hetzjagd auf Wölfe, Bären, Hirsche und Wildschweine eingesetzt. Das ist heute vorbei. Aber trotz meiner Schulterhöhe von 90 Zentimetern und 70 Kilo Muskelmasse, nicht ungewöhnlich für eine dreijährige Wolfshündin, bin ich ein hervorragender Kurzstreckensprinter. Wir Wolfshunde gehören zu den größten Hunderassen der Welt. Nur die Deutsche Dogge kann uns noch übertreffen. Weltrekordhalter ist die Dogge Freddy mit einer gigantischen Schulterhöhe von 103,5 Zentimetern. Wenn Freddy sich auf die Hinterbeine stellte, erreichte die Dogge imposante 230 Zentimeter. Leider ist Freddy im Januar 2021 verstorben.

Ich bin sanftmütig, charmant, anhänglich und chillig unterwegs. Meine Menschen Peer und Nelli liebe ich über alles. Auch mit unserem Kater Gaylord und meinem Bernhardiner-Kumpel Lupo habe ich eine innige, kuschlige Beziehung. Mich bringt so schnell nichts aus der Fassung. Wenn du jedoch in meiner zartfühlenden Seele eine emotionale Tretmine entschärfen willst, musst du nur genügend Krach machen. Das vertragen meine sensiblen Öhrchen gar nicht. Nelli weiß das. Wir beide beherrschen die nonverbale Kommunikation. Sie bringt zudem die nötige Geduld auf, die ich bei der Umsetzung neuer Kommandos benötige. Neues muss ich auf Sinn und Verstand prüfen, sorgfältig abwägen. Mit Peer teile ich meine Unbeschwertheit, uneingeschränkte Loyalität und mein Lebensmotto: Hakuna Matata! Das ist Suaheli und steht für ein Leben ohne Sorgen. Auch für dich soll es immer rote Rosen regnen.

Bis später, du lieber Zweibeiner!

Im Rausch
der Sinne

Guten Tag, liebe Hundefreunde. Hier bin ich wieder: **Mrs Buddy**, die reizende Beauceron-Dame und Autorin. In diesem Kapitel erfährst du aus erster Pfote, wie wir Hunde die Welt wahrnehmen. Der Club der weisen Hunde und ich sagen dir, wie das Universum für uns aussieht, wonach es riecht, wie es klingt und wie es sich für uns anfühlt. Beeinflussen diese Wahrnehmungen unser hündisches Verhalten und die Lernfähigkeit?

Wir werfen ein Spotlight auf Fragen rund ums Sehen: Warum spielen wir lieber mit einem neongelben Ball als mit einem roten? Warum attackieren wir unser Spiegelbild? Finden wir Fernsehgucken spannend? Brauchen wir ein Licht im Dunkeln? Was hat es mit dem Kindchenschema auf sich?

Wir tauchen ein in die Welt der Düfte. Sind wir Hunde die wahren Geruchsspezialisten? Ist dein Hund dein Stimmungsbarometer? Wie schaffen wir es, eine Million Düfte voneinander zu unterscheiden? Sind Vierbeiner die besseren Kommissare und Therapeuten? Macht uns Schnüffeln glücklich? Welche Funktion hat die „Bruder-Jacob-App"? Und warum stehen wir auf Genitalkontrollen?

Wie ist es mit unseren Lauschern? Weiß das linke Ohr, was das rechte tut? Warum hören wir Maschinengewehre an Silvester, obwohl es keine gibt? Welche „Zusatz-Apps" bereichern unser Gehör? Warum bringen Staubsauger, Bohrmaschinen, Laubhäcksler und Co. Unheil in unsere Ohrenwelt? Aus wie viel unterschiedlichen Geräuschquellen können wir das Fiepen eines Mäuschens herausfiltern? Warum stresst es uns, wenn man uns anbrüllt?

Und zu guter Letzt: Spüren wir Hunde denn überhaupt irgendwas? Laufen wir völlig schmerzfrei durchs Leben? Warum haben Hündinnen einen Damenbart? Sollten Schweißhunde besser ein Deo benutzen? Wieso sind wir Hunde nie triefend nass geschwitzt?

Und nun: Stürz dich rein in die Welt unserer erstaunlichen Sinne!

Ich sehe was, was du nicht siehst ...

Sehen Hunde die Welt mit anderen Augen?

Mrs Buddy: Oh ja, das geht schon mit unserer Kurzsichtigkeit los. Jeder Augenarzt würde uns Kontaktlinsen verschreiben. Eine Brille wäre schließlich im Nullkommanix kaputt. Zudem seht ihr Menschen die Welt etwa sechsmal so scharf wie wir. Für uns wirkt alles viel weicher, verschwommener – etwa so wie für mein kurzsichtiges Frauchen, wenn sie ohne Brille Auto fährt oder durch Milchglas schaut. Wenn Frauchen morgens verknittert aus dem Bett steigt, strahle ich sie trotzdem an und finde sie wunderschön. Ich kann nämlich von Weitem nur ein silhouettenhaftes Geschöpf erkennen. Haha! So viel zum Thema: Hunde lieben ihre Menschen, egal wie sie aussehen. Wichtig ist für uns nur, dass sie gut gelaunt sind und wir mit ihnen Spaß haben können.

Mit unserer Sehschärfe ist es in etwa so: Stell dir einen blätterbedeckten Waldboden vor: Du siehst jedes einzelne Blatt, ich betrachte einen Teppich. Aber – und hierbei sind wir unschlagbar – wehe, unter der Blätterdecke bewegt sich eine Maus. Dann schlägt unsere Stunde und die letzte für die Beute. Wir sind herausragende Bewegungsseher.

Du kannst unsere Fähigkeit, selbst kleinste Regungen wahrzunehmen, nutzen, wenn du deinem Hund neue Dinge beibringst. Ein Zucken mit dem Ringfinger

Rot auf Grün ist nicht unsere Stärke, aber ich meistere die Herausforderung.

reicht als Signal. Nina fuchtelte früher wild mit den Armen herum und brüllte „Sitz!". Ach, Frauchen, das ist unnötig. Kleine, klare, leise Zeichen – ich verstehe dann schon.

Übrigens kannst du uns das Training auch erleichtern, indem du in windigen Zeiten deine Jacke schließt. Aus der Ferne können wir nicht gut erkennen, ob dein Anorak oder Schal herumflattert oder du versuchst, uns ein Signal zu geben. Aus der Nähe nehmen wir jedoch kleinste Veränderungen in deiner Mimik wahr und wissen, wie du dich fühlst.

Sind Hunde farbenblind? Sehen sie nur schwarz-weiß?

Ich bin's, **Butkus**, der süße Beagle. Viele Menschen glauben, unser Sehvermögen sei noch auf dem Stand eines alten Schwarz-Weiß-Fernsehers aus den 60er-/70er-Jahren. Das ist absoluter Quatsch. Wir sehen die Welt in bunten Bildern, nur nicht ganz so farbenfroh wie ihr. Frag mal einen Menschen mit einer Rotgrünsehschwäche. So etwa sieht unsere Umgebung für uns aus. Wir sind keineswegs farbenblind, vielleicht ein wenig farbenschwach. Macht nichts. Ist mir doch egal, ob der Hase blau, grün oder braun ist. Hauptsache, ich kriege ihn.

Unsere Hundeaugen sind ähnlich aufgebaut wie eure. Was sie von euren unterscheidet, erklärt dir mein Freund Einstein, der schlaueste Pudel, den ich kenne. Na ja, ich kenne auch nur einen Pudel.

Einstein: Es ist so: In der Netzhaut des Auges befinden sich Stäbchen und Zapfen. Die Zapfen sind für das Sehen von Farben zuständig, die Stäbchen bringen die Fähigkeit für das Hell-Dunkel-Sehen ins Spiel. Menschen haben drei „Farbzapfen", wir Hunde hingegen nur zwei. Dadurch ist unsere Welt nicht so kunterbunt. Uns offenbart sich nicht die ganze Bandbreite eines Regenbogens von Violett, Blau und Blaugrün über Grün und Gelb bis hin zu Orange und Rot. Wir nehmen Farben vorwiegend als Gelb, Blau und Grau wahr. Grün ist für uns gelblich bis farblos. Jetzt finde du mal einen gelblichen Ball auf einer gelblichen Wiese! Denn so ist das für uns: Einheitsbrei.

Blautöne hingegen nehmen wir am besten wahr. Wir können sogar Hell- und Dunkelblau unterscheiden.

Andererseits ist Violett für uns Blau. Wenn Herrchen ein hellblaues Hemd mit einer lila Hose kombiniert, passt das für mich tadellos zusammen, aber Frauchen schimpft.

Rot ist für uns eine miserable Farbe. Ein dunkles, fast schwarzes Graubraun. Erklär mir doch mal, warum Hundespielzeug meist rot oder knallorange ist. Das mag für euch prima sein, für uns ist es ein Affront. Ich muss das anprangern. Vielleicht wollen die Spielsachenhersteller auch, dass wir den roten Ball nicht mehr finden und Herrchen einen neuen kauft. Orangefarbene Steckhürden im Agilitytraining sind ebenfalls suboptimal. Da kann man schon mal ins Stolpern kommen, wenn man die Stangen nicht sieht.

Können unsere Vierbeiner im Dunkeln gut sehen?

Ich bin **Rocky**, der Golden Retriever, und ich erzähl dir mal was. Wie du jetzt weißt, sind wir kurzsichtig und farbenschwach unterwegs. Wir sind euch Menschen aber haushoch überlegen im Erkennen von Bewegungen, erst recht bei schlechten Sichtbedingungen. Man nennt uns auch „Queens and Kings of Darkness". Im Nebel, in der Dämmerung und bei Dunkelheit laufen wir zur Höchstform auf. Die erwähnten Stäbchen in unseren Augen sind sehr lichtempfindlich. Sie nehmen Licht in den verschiedensten Nuancen von Grautönen auf. Wir verfügen über mehr Stäbchen als du und können deshalb Helligkeit und Dunkelheit weitaus differenzierter wahrnehmen. Diese Seheigenschaften sind für uns bedeutsamer als das Unterscheiden von Farben. Jedem Jagdhund ist es einerlei, ob das Reh zwei- oder dreifarbig auf der Lichtung steht. Solange wir das Wild in der Dämmerung erspähen und kleinste Bewegungen mitbekommen, sichert dies unser Überleben. Mein Tipp an alle Wasservögel, Rehe, Hirsche, Hasen, Mäuse und sonstige Kleintiere: Stellt euch tot! Erstarrt, wenn Jagdhunde auf Beutezug sind. So habt ihr die beste Chance, unbeschadet davonzukommen. In Sicherheit wiegen solltet ihr euch aber nicht. Wir haben eine unglaublich feine Nase, die uns auf eure Spur bringt.

Du kannst jedenfalls die Nachttischlampe ausmachen. Wir finden uns im Dunkeln super zurecht.

Warum strahlen Hundeaugen im Dunkeln so gespenstisch grün?

Lady: Wenn im Dunkeln Licht auf unsere Augen trifft, zum Beispiel das von einer Taschenlampe oder einem Scheinwerfer, sehen sie echt furchterregend aus. Wie aus einem Horrorkabinett verfärben sie sich zu einem gruseligen gelblichen Grün. Das haben wir von den Wölfen geerbt. Für unsere Vorfahren war es überlebenswichtig, ihre Beute in der Dunkelheit und bei Dämmerlicht orten zu können, um als Jäger erfolgreich zu sein. Für mich ist es zwar bedeutungsvoller zu wissen, wo mein Napf steht, aber ich kann das Phänomen trotzdem kurz erklären: Der einfallende Lichtstrahl wird vom Hintergrund unseres Auges reflektiert und trifft noch mal auf die lichtempfindlichen Stäbchen im Auge, die für das Hell-Dunkel-Sehen zuständig sind. Wir haben sozusagen eine lichtreflektierende Sonderbeschichtung an der Rückwand unserer Augen – einen „leuchtenden Teppich", der wie ein Spiegel funktioniert. Er verstärkt die Helligkeit des Lichts und verändert die Farbe des zurückreflektierten Lichts in ein gelbliches Grün. Deswegen leuchten unsere Augen im Dunkeln so schaurig.

Club der weisen Hunde:

Bleibt zu erwähnen, dass noch eine weitere ganz erstaunliche App in unserem Körper eingebaut ist: die Sache mit dem Rückspiegel. Durch die seitliche Anordnung unserer Hundeaugen am Kopf können wir im 240-Grad-Radius sehen, bei manchen Rassen sind es sogar bis zu 270 Grad. Nur Kollegen mit stark verkürzten Schnauzen und weit vorn stehenden Augen haben ein etwas kleineres Sichtfeld, aber es ist immer noch weit größer als deines. Dank der Rückspiegel-App müssen wir uns nicht einmal umdrehen, um Beute oder Feinde neben oder hinter uns zu erkennen.

Erkennen Hunde sich selbst im Spiegel?

Mrs Buddy: Mannomann, war ich aufgeregt, als ich plötzlich meinen Bruder in unserem Haus entdeckte. Wunderbar, jetzt war ich nicht mehr allein. Ich habe ihn gleich zum Spielen aufgefordert. Er war auch ganz aus dem Häuschen. Aber er kam nicht näher zu mir. Er blieb an der gleichen Stelle. Noch seltsamer war: Er roch überhaupt nicht wie mein Bruder. Autsch, Kopf angehauen – wo kommt denn die Wand auf einmal her? Hmm, langweilig, das wird nichts mit dem Herumtollen. Schaue ich doch lieber mal, ob meine anderen Geschwister irgendwo sind.

Aber es ließ mir keine Ruhe. Immer wenn ich zur Tür ging, stand mein Bruder vor mir. War ich dabei, verrückt zu werden? Beim nächsten Gassi fragte ich meinen Beagle-Freund Butkus, ob er auch ab und zu seine nicht vorhandenen Geschwister sieht.

Butkus lachte mich aus. „Hast du denn noch nie etwas von einem Spiegel gehört, Mrs Buddy? Mein Herrchen benutzt so ein Ding jeden Tag im Bad. Johannes macht damit Selfies beim Rasieren und freut sich. Ich kann damit nichts anfangen. Das Teil will weder spielen, noch kann man es essen. Also, vergiss es."

Ach so ist das. Deswegen braucht Nina so lange im Bad. Ich habe mich schon über den Malkasten gewundert. Aber jetzt ist es klar. Sie macht sich bunt für schöne Selfies. Ich würde nie auf die Idee kommen, meine graue Schnauze zu färben. Für wen? Kann ruhig jeder wissen, dass ich schon neun Jahre alt bin. Ich bin doch top in Schuss.

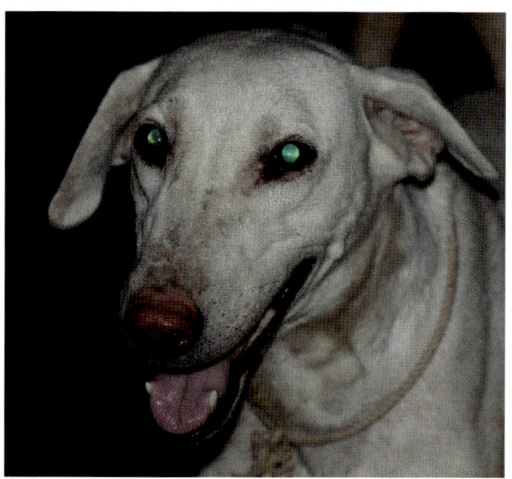

Die „Spezialausstattung" unserer Augen für das Sehen im Dunkeln hat einen coolen Gruseleffekt.

Foto: Shutterstock.com/Mayur Shelkar

Dass wir mit unserem Spiegelbild nichts anfangen können, ist kein Problem – wir sind von Natur aus schön und brauchen keinen Spiegel.

Frauchen ergänzt:

Die Voraussetzung dafür, sich selbst im Spiegel zu erkennen, ist das Bewusstsein für das eigene Ich. Gordon Gallup, ein amerikanischer Psychologe, markierte bei verschiedenen Tieren deren Stirn mit einem Farbklecks. Schwand das Interesse an dem Fleck im Spiegelbild schnell oder wurde die Farbe ignoriert, ging Gallup davon aus, dass das Tier sich selbst nicht erkannt hat. Schimpansen, Gorillas, Orang-Utans und Delfine reagierten auf den Farbklecks und versuchten, diesen zu entfernen. Hunde nicht. Für Gallup ein Indiz, dass Hunde kein Ich-Bewusstsein haben. Dem widersprach unter anderem der Kognitionswissenschaftler Helmut Prior. Er stufte den Spiegeltest für Hunde als ungeeignet ein, da diese ihre Umgebung in erster Linie mit Nase und Ohren wahrnehmen, nicht mit den Augen. Vielmehr sollte man das Ich-Bewusstsein eines Hundes daran festmachen, ob er in der Lage ist, seinen eigenen Geruch zu erkennen. Dazu sind Hunde dank ihres herausragenden Geruchssinns durchaus fähig. Für uns, und auch für Affen, ist das Sehen die wichtigste Sinneswahrnehmung. Wären wir in der Lage, einen anderen Menschen ausschließlich am Geruch zu identifizieren? Na ja, manche Menschen schon ...

Warum haben alle Welpen blaue Augen?

Hier spricht **Lady**, das Havanesermädel mit den großen braunen Kulleraugen. Die sahen nicht immer so aus, denn alle Welpen haben zunächst blaue Augen. Das liegt daran, dass wir blind geboren werden und unser Sehorgan noch nicht vollständig entwickelt ist. Unsere Augen öffnen sich erst ab dem 10. bis 13. Lebenstag. Außerdem ist da noch die Sache mit der Iris. Sie ist zuständig für die Regulierung der Lichtmenge, die ins Auge strömt. Sie sorgt für eine Erweiterung oder Verkleinerung der Pupille, also für die Sichtbarkeit des farbigen Bereichs. Um Licht abzublocken, ist die Iris pigmentiert. Dieses Pigment ist aber noch nicht fertig ausgebaut. Deshalb erscheinen alle Welpenaugen erst einmal blau. Von Eisblau, Blaugrün bis hin zu einem milchigen Graublau ist alles möglich. Die Iris füllt sich nach und nach bis zur sechsten bis achten Lebenswoche mit Pigmenten auf. Etwa ab dem zweiten Lebensmonat nimmt das Auge seine endgültige Farbe an und erscheint in zahlreichen Facetten von Braun- oder Schwarztönen bis hin zu leuchtendem Hellgelb.

Manche Rassen wie Huskys, Collies oder Australian Shepherds haben Glück. Sie behalten ihre schönen blauen Augen ein Leben lang. Aber ich sage dir was: Mit meinen kastanienbraunen Knopfaugen kann auch ich jedem Rüden den Verstand rauben – und den Menschen sowieso.

Wie testet man, ob ein Hund noch gut sieht?

Mrs Buddy: Seit ich klein war, macht mein Frauchen regelmäßig den „Wattebausch-Test" mit mir. Als das erste geruchlose weiße Ding angeflogen kam, war ich einigermaßen irritiert. Nicht genug, dass es nach nichts roch, es schmeckte auch nach nichts und gab keinen Laut von sich. Ich wusste ja nicht, dass man genau deswegen einen Wattebausch nimmt. Nur so lässt sich sicherstellen, dass ich nicht auf ein Geräusch oder einen Geruch reagiere, sondern ausschließlich mit den Augen. Nina lässt einen Wattebausch aus etwa 20 Zentimetern Höhe vor meinem Kopf auf den Boden fallen. Wenn ich ihm nachschaue, habe ich gewonnen. Dafür gibt's ein Stück Hähnchenbrust. Von mir aus kann sie den Test gern öfter machen. Einen echten Profitest kann allerdings nur der Tierarzt durchführen. Du kannst jedoch zumindest früh merken, ob die Sehkraft deines Hundes nachlässt. Wir Fellschnauzen können nämlich auch einen grauen Star bekommen oder blind werden.

Verstehen Hunde, was sie im Fernsehen sehen?

Mrs Buddy: Das kommt darauf an, wie alt der Fernseher ist und wie weit wir davon entfernt sind. Wenn die Bildfrequenz unter 75 Hertz liegt, flimmert alles vor sich hin und wir können nichts richtig erkennen. Frauchens Fernseher ist riesig und einigermaßen modern. Da flimmert nichts. Vom Sofa aus kann ich Fernsehbilder prima erkennen, vor allem, wenn ich etwas Vertrautes sehe. Ich reagiere auf Geräusche wie das Bellen anderer Hunde und schaue schon mal hin, wenn eine jaulende Katze mich aus dem Schlaf reißt. Aber im Grunde finde ich Fernsehen ziemlich langweilig. Das ist wie die Sache mit dem Spiegel. Wenn ich die anderen Tiere und Menschen nicht riechen kann, weiß ich ja jetzt, dass die nicht echt sind. Trotzdem gibt es

WAU WAU

Wir können Fernsehbilder durchaus erkennen, aber das reale Leben finden wir viel interessanter.

ein paar Hundefilme, die ich mit Nina zusammen anschaue, aber eigentlich mehr, weil sie bei Frauchen so gute Laune auslösen. Um was es da geht, verstehe ich nicht so richtig. Cooler ist es, mit Frauchen auf Abenteuertour zu gehen und viel gemeinsam zu erleben, statt fernzusehen, ohne etwas dabei riechen zu können. Los, komm, Frauchen, wir spielen Fußball!

Frauchen ergänzt:

Der Mensch löst ab einer Bildfrequenz von 50 Bildern pro Sekunde (50 Hertz) das Flimmern auf und sieht statische Bilder. Der Psychologe und Verhaltensforscher Stanley Coren fand heraus, dass Hunde eine Bildfrequenz von 75 Hertz benötigen, bis sie Fernsehbilder nicht mehr als Flimmern wahrnehmen. Darüber hinaus spielen die individuelle Sehleistung des Hundes und auch der Abstand zum Fernsehgerät eine Rolle. Bei modernen Fernsehgeräten mit 100 bis 800 Hertz ist es durchaus wahrscheinlich, dass die Vierbeiner klare Bilder ohne Flimmern sehen und erkennen. Eine Zeit lang gab es einen Fernsehsender nur für Hunde: DOG TV. Das in den USA entwickelte TV-Format zeigte Tierdokus, Hunde beim Schwimmen, Relaxen und Gassigehen – alles unterlegt mit klassischer Musik. Ziel war, den Hunden das Alleinsein zu versüßen und Ängste zu nehmen. In Deutschland wurde DOG TV nach drei Jahren eingestellt.

Stimmt es, dass Hunde böse werden, wenn man ihnen in die Augen schaut?

Die Antwort bekommst du von mir, Dobermannfrau **Lucy**. Sie lautet: Ja und Nein. Als mein Frauchen mich das erste Mal beim Herumtollen mit meinen Dobermanngeschwistern sah, konnte ich förmlich riechen, wie ihr das Herz aufging. Ganz verliebt schaute sie in meine Kulleraugen, auch heute noch. Ich suche auch immer wieder den Blickkontakt zu ihr. Das verbindet uns und löst einen gewaltigen Kuschelhormonschub aus. Das gegenseitige Anschauen schafft Vertrauen und Sicherheit. Es fördert die Bindung und tut einfach gut. Wenn du deinen Hund also langsam an den

Blickkontakt gewöhnst, ist das gewinnbringend. Fremden gegenüber bin ich als Dobermannfrau eher misstrauisch. Man weiß doch nie, was die im Sinn haben! Will der mich vielleicht hypnotisieren, um mein Frauchen zu attackieren? Ich bevorzuge den wachsamen Bereitschaftsmodus, um uns notfalls verteidigen zu können.

Ich würde dir niemals empfehlen, einen dir unbekannten Hund anzustarren. Weißt du, wenn wir Hunde uns begegnen, nähern wir uns einander normalerweise in einem Bogen an und schauen uns nicht direkt in die Augen. Wenn ein anderer Hund schnurstracks auf uns zukommt, empfinden wir das als ungezogen oder sogar als Drohung. Ihr Menschen macht das. Zögerlichkeit und das Vermeiden von direktem Augenkontakt bei Begegnungen sind für euch eher Respektlosigkeiten oder Zeichen dafür, dass eure Worte lügen.

Wenn du aber einem fremden Hund tief in die Augen blickst, wird er das höchstwahrscheinlich als Drohung empfinden und reagieren. Mit Glück wendet er sich nur von dir ab. Vielleicht warnt er dich aber auch durch Bellen, Knurren, Zähnefletschen und mehr. Und wenn du diese Zeichen übersiehst oder ignorierst, ist es bis zum Schnappen oder Beißen kein weiter Weg mehr. Also, mache es lieber uns Hunden nach und zeige dich als Kavalier.

Frauchen ergänzt:

Bei fremden Hunden stimme ich Lucy zu. Hunde empfinden ein Anstarren im besten Fall als unhöflich, wenn nicht sogar als bedrohlich. Es entspricht nicht ihrem hündischen Verhaltensrepertoire. Beim eigenen Hund jedoch gilt: Wenn Blickkontakt zum Zufall wird, ist die Bindung dahin. Das ist nicht nur in menschlichen Beziehungen so, in denen der Alltag die Achtsamkeit überrollt. So war es auch eine Zeit lang bei Mrs Buddy und mir. Ich war ständig mit anderen Dingen beschäftigt, im Kopf überall, nur nicht bei meiner Hündin. Sie bekam nicht die Aufmerksamkeit, die sie einforderte und verdiente. Das Resultat: Mrs Buddy machte ihr eigenes Ding. Es bedarf viel Zeit und Geduld, diese innige Bindung wiederaufzubauen.

Warum kann man dem süßen Hundeblick nicht widerstehen?

Ich bin's, die putzmuntere **Chantal**. Ich möchte abschließend gern noch etwas zum Thema Augen sagen, genau genommen zur menschlichen Sinneswahrnehmung, zu Gefühlen und Hormonen. Dafür bin ich genau die Richtige. Ich habe mich schließlich gerade durch die Pubertät gekämpft und verstehe jetzt, was mit „hormongesteuert" gemeint ist.

Die meisten Menschen sind beim Anblick eines Welpen oder Menschenbabys entzückt, verliebt und bekommen Freudenpipi in die Augen. Warum der Verstand aussetzt und Gefühle das Regiment übernehmen, liegt an einem Phänomen, dem Kindchenschema: Kleinkinder haben proportional gesehen einen großen Kopf, eine hohe Stirnpartie, ein rundliches Gesicht und runde, süße Knopfaugen.

Die niedliche Stupsnase und das Kinn sind noch winzig, die Wangen prall, die Haut ist samtweich. Die Ärmchen und Beinchen, die Finger und Zehen sind zierlich und knuddelig. Diese Merkmale lösen den sogenannten Brutpflegeinstinkt aus – beschützen zu wollen, fürsorglich zu sein.

Hunde, die dem Kindchenschema entsprechen, wecken diesen Instinkt. Die muss man einfach kuscheln, streicheln und auf den Arm nehmen. Nicht nur im

Ein eher großer Kopf und große Knopfaugen sind bei Welpen natürlich. Erwachsene Hunde mit diesen Merkmalen leiden oft unter gesundheitlichen Problemen.

Welpenalter. Auch bei anderen Tierarten funktioniert das so. Erinnerst du dich noch an den goldigen Eisbären Knut, der nicht nur die Kinderherzen in aller Welt berührte?

So kommt es, dass viele kleine Hunderassen und insbesondere Zwerghunde in der Zucht ganz auf das Kindchenschema getrimmt werden. Dieses Aussehen verkauft sich gut, weil es Glücksgefühle bei den Menschen auslöst, die Hormone schwappen über. Nicht selten geht das zu weit. Fast zwangsläufig führt dieses Zuchtziel zu gesundheitlichen Folgen wie Atemnot, Neigung zum Übergewicht, herausspringenden Kniegelenken, Schnarchen, Röcheln, Ohren- und Augenentzündungen, Organschäden, fragilen Knochen und vielem mehr. Da kommt dir ein röchelndes „Etwas" entgegen, das auf der dritten Treppenstufe kurz vor dem Kollaps steht. Springt „Etwas" heldenartig vom Sofa, bricht „Etwas" sich das Bein. „Etwas" zittert und hat Schwächeanfälle, weil die Leber randaliert. Manche Minihündin kann ihre Babys nur noch mit Kaiserschnitt zur Welt bringen, weil der Geburtskanal zu eng ist fürs überdimensionale Welpenköpfchen. Man sagt ja auch, die Augen sind das Fenster zur Seele. Aber wie soll ich in die Seele eines Hundes schauen, wenn ich vor lauter Falten nicht mal mehr sein Gesicht sehe? Der ästhetische Schaden ist nicht der einzige. Normalerweise gilt es als besonders attraktiv, wenn beide Gesichtshälften gleichmäßig sind. Ich würde mal sagen, bei den Faltenhunden ist es eher doppeltes Pech.

Ich bin froh, dass es viele Züchter und Tierfreunde gibt, die diesen Trends entschlossen entgegenwirken. So, das musste mal gesagt werden!

Ich rieche was, was du nicht riechst …

Warum sagt man: „Der Hund sieht mit der Nase"?

Hier bin ich wieder: **Wölkchen**, der unbeschwerte Irish Setter, ein passionierter Vorstehhund im Ruhestand. Wir Hunde sind mit einem hervorragenden Geruchssinn ausgestattet. Er verhilft uns zu verblüffenden Leistungen. Unser Riechvermögen übersteigt das von euch Menschen millionenfach. Optische Signale oder Geräusche sind für uns weniger bedeutsam. Wir Vierbeiner erkunden unsere Umwelt mit der Nase. Im Einsatz als Such- und Schnüffelhunde finden wir vermisste Menschen, Sprengstoff, Drogen, Gasleitungen und für euch köstlichen Trüffel. Unsere Nase sagt uns, ob der Nachbarshund mit sich und der Welt im Reinen ist, was er gefressen hat und ob gerade eine sinnliche Hündin durch den Tannenwald streift. Du wirst staunen, welche intimen Details unsere feine Nase enthüllt. Für dich gehören deine Augen zu den wichtigsten Sinnesorganen. Unsere Königsklasse ist das Riechen. Deswegen sagt man: „Der Hund sieht mit der Nase."

Haben Hunde den besseren Riecher?

Butkus: Als Beagle gehöre ich zweifelsfrei zu den Hochleistungsschnüfflern. Mein Geruchssinn zählt zu den besten der besten. Das liegt an meiner engen Verwandtschaft mit dem Bloodhound, der den empfindlichsten Geruchssinn aller Hunde hat. Meine Nase ist ein Wunder der Natur. So wie ich!

Wir Hunde können schätzungsweise eine Million verschiedene Gerüche unterscheiden. Eine Million! Das musst du dir mal reinziehen. Ihr könnt schärfer sehen, aber in Sachen Geruchssinn sind wir Vierbeiner euch um Nasenlängen voraus. Eine durchschnittliche Menschennase hat etwa fünf Millionen Riechzellen. Das klingt gigantisch, ist aber gar nichts im Vergleich zu unserer Hundenase. Der Hundedurchschnitt liegt bei etwa 220 Millionen Riechzellen. Jede einzelne Zelle hat zusätzlich Miniantennen: winzige, haarähnliche Gebilde. Man nennt sie Zilien. Wir haben 100 bis 150 Zilien pro Zelle, Menschen nur bis zu acht.

Ha! Und das ist noch nicht alles. Wir beherrschen die Stoßatemtechnik. Wir können beim Erschnüffeln eines Geruchs die normale Atmung unterbrechen. Das ist genial. Dadurch bleibt der Geruch in der Nasenhöhle. Er wird gewissermaßen in einem Sammelbecken aufgefangen und eingesperrt. Intensität pur. Urcoole Sache.

Welche Hunderasse hat die meisten Riechzellen?

Guck-guck, Mopsdame **Luna** meldet sich zu Wort: Wahrscheinlich ist die Frage bei mir gelandet, weil ich als Kurzschnauzige mit plattem, knautschigem Gesicht genauso wie Bulldoggen am unteren Ende der Skala stehe. Wir haben nur etwa 125 Riechzellen. Pssst … nicht weitersagen: Manche von uns riechen aufgrund ihrer Anatomie so schlecht, dass wir uns – entgegen der Hundenatur – auf unsere Augen verlassen müssen. Aber halb so schlimm. Wir haben andere Vorzüge.

40

Zurück zu deiner Frage: Der Bloodhound ist unter uns Geruchsautisten der gekürte Riechweltmeister. Er greift auf stattliche 300 Millionen Riechzellen zurück, fast ein Drittel mehr, als die durchschnittliche Hundenase zu bieten hat. Mein Freund Butkus – ein naher Verwandter des Bloodhounds – hat nicht übertrieben. Beagle gehören zu den gesegneten Hunden. Du müsstest mal sehen, wie Butkus abgeht, wenn er beim Mantrailing versteckte Menschen sucht! Ich würde schon beim Start kollabieren. Rassen wie Beagles, Bassets und Bracken sind „von Beruf" Spürhunde, Fährtensucher. Sie sind diplomverdächtige Spezialisten beim Erschnüffeln von Blutspuren. Diese Rassen können die Spuren von angeschossenen Wildtieren noch nach Tagen anhand der verlorenen Blutstropfen verfolgen.

Hunde mit einer langen schmalen Schnauze wie Dobermannfrau Lucy, Schäferhunde und Beaucerons wie Mrs Buddy liegen im guten Mittel mit bis zu 220 Millionen Riechzellen. Dackel Chantal bringt es auf 130 bis 140 Millionen Riechzellen. Wenn du mich fragst, sind das mehr als genug Zellen für einen Dackel, der durch seine kurzen Beinchen sowieso schon mit der Nase am Boden klebt.

Frauchen ergänzt:

Interessant sind auch die Erkenntnisse der beiden Wissenschaftler John Fuller und John Scott: In einem Experiment ließen sie eine Maus in einem 4000 Quadratmeter großen Gelände frei. Sie stoppten anschließend die Zeit, die die Hunde benötigten, um die Maus aufzuspüren. Der Foxterrier brauchte etwa 15 Minuten. Dem Scottish Terrier gelang es gar nicht. Der Beagle erschnüffelte die Maus in weniger als einer Minute!

Können Hunde wirklich „räumlich" riechen?

Rocky: Ja, das können wir. Es handelt sich um die exzellenteste Erfindung überhaupt. Unsere beiden Nasenöffnungen können sich unabhängig voneinander bewegen. Rechts rieche ich eine Sonnenblume, während mir in die linke Nasenseite der Geruch einer schicken Hundedame hineinweht. Was glaubst du, wo ich hinlaufe?

Unsere Nase ist ein wahres Wunderwerk der Natur. Besonders beeindruckend ist die Riechleistung von Bloodhounds.

Wir Vierbeiner sind Stereoriecher! Wir können die Geruchsinformationen getrennt voneinander auswerten und zielgenau orten, woher der Geruch kommt. Da staunst du, was? Doppelhochzeit in der Hundenase. Das ist schon der Hammer schlechthin, aber es wird noch besser: Genau wie Fische sind auch wir herausragende Vielriecher, sogenannte Makrosomatiker. Das kommt durch unsere gigantische Riechschleimhaut, die mit 150 bis 200 Quadratzentimetern 30- bis 40-mal so groß ist wie eure mit lächerlichen 5 Quadratzentimetern. Für all diese Meisterleistungen bietet unser Gehirn dem Riechkolben 10 Prozent Platz. Da für euch das Riechen weniger elementar ist, räumt euch euer Hirn dagegen nur 1 Prozent seiner Gesamtkapazität ein. Wenn ihr wüsstet, was ihr alles verpasst!

Du hast sicherlich schon von Hunden gehört, die über weite Entfernungen zielsicher zurück nach Hause finden. Unsere Fähigkeit, uns an bestimmte Gerüche zu erinnern, trägt zu diesem enormen Orientierungssinn bei. Außerdem sind unsere Riechzellen recycelbar. Richtig, die Dinger werden nicht alt und grau, um abzusterben. Sie können sich erneuern. Perfektion im Hundekörper.

Ist Schnüffeln anstrengend für Hunde?

Lucy: Es macht einen Heidenspaß. Aber ja, es ist sehr anstrengend für uns. Wir Schnüffelweltmeister sind in der Lage, bis zu 300-mal pro Minute zu atmen, ohne zu kollabieren. Der permanente Nachschub mit Duftmolekülen katapultiert uns in einen Rausch der Sinne– die beste Droge, um bei uns Glücksgefühle auszulösen. Wenn wir in Schnüffelekstase sind, atmen wir bis zu 60 Liter Luft pro Minute ein. Dafür musst du topfit sein und eine prächtige Kondition haben. Zum Vergleich: Ein Mensch atmet 12- bis 15-mal pro Minute und saugt bei jedem Atemzug 500 bis 700 Milliliter Luft ein. Das sind in etwa 8 Liter pro Minute.

Also, lass uns Zeit zum Schnüffeln. Nasenarbeit kostet viel Energie. Damit lastest du uns aus, machst uns müde und glücklich. Suchspielchen kannst du auch bei schlechtem Wetter zu Hause machen. Du kannst Leckerchenspuren legen. Oder nimm eine alte Socke oder ein T-Shirt von dir, lass deinen Hund kurz dran schnüffeln und versteck das Teil dann irgendwo – er findet es. Darauf kannst du wetten. Mit ein bisschen Übung kann er sogar alte und neue Spuren voneinander unterscheiden. Ihr könnt das also ruhig ein paarmal hintereinander spielen.

Wieso beschnüffeln sich Hunde bei der Begrüßung am Po?

Hier spricht **Amy**. Wir Australian Shepherds sind dafür bekannt, dass wir Fremden gegenüber misstrauisch sind. Wenn ich einem frei laufenden Hund begegne, laufe ich nie schnurstracks auf ihn zu. Das machen echte Kavalierinnen nicht. Die meisten Hunde nähern sich in einem Bogen und kommen seitlich versetzt nebeneinander zum Stehen. Dieses Ritual hat zwei Gründe: Zum einen ist es unter uns Hunden verpönt, sich frontal und ungebremst zu nähern. Womöglich noch mit starrem Blickkontakt,

SNIFFFF..

Foto: Shutterstock.com/Eric Isselee

Hündische Begrüßung: So erfahren wir im Nullkommanix, wie der andere so drauf ist.

was als Bedrohung verstanden werden kann. Der andere Grund ist, dass wir durch das seitlich versetzte Nebeneinander sofort mit der Schnüffelprobe im Genitalbereich beginnen können. Der Geruch am Hinterteil ist besonders aussagekräftig. Wir erkennen daran im Nu, wie der andere Hund gelaunt ist, ob es ein Rüde oder eine Hündin ist, ein Welpe oder ein älteres Tier. Droht womöglich Gefahr oder will er nur spielen? Ist der Kollege ängstlich, wütend oder freundlich gestimmt? All das erfahren wir durch diese kurze Schnüffelbegrüßung, sodass wir uns auf das Gegenüber einstellen können. Ich weiß, ihr Menschen macht das nicht so. Ihr habt ja auch meist Hosen an. Unser Verhalten ist aber weder unangemessen noch unhöflich, sondern für uns Hunde vollkommen normal.

Selbstbewusste Hunde tragen ihre Rute hoch und lassen sich gern von anderen Hunden untersuchen. Unsichere oder auf Privatmodus geschaltete Hunde klemmen die Rute ein oder tragen sie niedrig. Sie möchten gerade keine Schnüffelkontrollen zulassen. Soweit die Theorie. Es gibt auch Rassen, bei denen ragt die Schwanzspitze immer in den Himmel; andere

kriegen es anatomisch nicht auf die Reihe, die Rute nach oben zu richten. Manche Vierbeiner haben kupierte Ruten und signalisieren damit zwangsläufig dauerhaft Weltoffenheit. Dann gibt es aber auch die Sorte von Fellschnauzen, die sich vor einem auf den Rücken schmeißen und sich nur allzu bereitwillig in der Analregion untersuchen lassen.

Klötengefahr! Warum stecken Vierbeiner ihre Schnauze zwischen die Beine von Besuchern?

Mrs Buddy: Wie Amy gerade erklärt hat: Das ist für uns ein normales Begrüßungsverhalten. Reiner Wissensdurst, keine schlechten Manieren. Ihr winkt euch zu, schüttelt euch die Hände, begrüßt euch mit Küsschen oder Umarmungen. Küsschen verstehe ich ja noch. Da hast du vielleicht die Chance zu riechen, was der andere gerade gegessen hat. Aber mal ehrlich: Würdet ihr es gleich so machen wie wir Hunde, also einmal kräftig zwischen dem Schritt inhalieren, wüsstet ihr sofort Bescheid, wie der andere Mensch drauf

43

ist. Im Genitalbereich riechen die Duftstoffe besonders stark. Wir erfahren dein Alter, dein Geschlecht und wie du heute gelaunt bist. Hast du böse Absichten oder bist du ein fröhlicher Zeitgenosse? Bei Frauchen können wir sogar erschnüffeln, ob sie ihre Monatsblutung hat. Bei Herrchen wissen wir, ob gerade Flaute ist. Schon klar, ihr seid nicht solche Geruchsspezialisten wie wir. Aber überdenken könntet ihr euer Verhalten mal.

Mein Frauchen mag es nicht, wenn ich unsere Besucher untersuche. Sie hat mir das auch weitgehend abgewöhnt. Nur bei einem ihrer Freunde kann ich es nicht lassen, weil ich ihn nicht richtig einschätzen kann. Nina nennt ihn den Klöten-Bernd. Er ist ständig damit beschäftigt, seine Teile mit den Händen zu beschützen. Na, hat der denn Diamanten zwischen den Beinen oder was ist da los? Er versprüht widersprüchliche Gerüche und seine Mimik ist nicht stimmig. Er freut sich wohl, Nina zu sehen, kriegt aber einen Gesichtskrampf, wenn ich auf ihn zueile. Ich rieche Unwohlsein. Hat er jetzt Angst um seine Klöten oder vor mir? Das muss ich genauer erforschen. Und so warte ich gespannt auf die nächste Gelegenheit, bis er nicht mehr mit mir rechnet. Das klappt prima beim Essen. Die Hände sind auf dem Tisch und ich habe freie Bahn. Bei meiner Schulterhöhe von 63 Zentimetern hat der Tisch die optimale Höhe. Na ja, nicht ganz. Ich kann mir einfach nicht merken, wie hoch unser Esstisch ist. Wenn ich noch ein, zwei Jahre so weitermache, sind die scharfen Glaskanten rund. Dann tut's meinem Kopf nicht mehr so weh. Jedenfalls schleiche ich mich von unten an, und dann zack: Schnauzenstoß zwischen die Beine, Genitalkontrolle. Geht doch. Gerade roch noch alles entspannt, jetzt lässt Bernd glatt die Gabel fallen. Keine Angst, Bernd, ich beiße dir deine Edelsteine nicht ab, ich prüfe nur die Qualität.

Warum haben Hunde manchmal „Schaum" vor dem Maul? Ist das eine Tollwutattacke?

Ich bin Hovawart **Happy**, und als ausgebildeter Fährten- und Rettungshund kann ich dich beruhigen: Tollwut ist das in der Regel nicht. Ich habe beim Fährtensuchen ständig Schaum vor dem Maul. Das ist

Riechen der Extraklasse! Wir Hunde haben nämlich eine spezielle Geruchserkennungs-App: das Jacobson'sche Organ.

Durch diese App, ich nenne sie „Bruder Jacob", können wir Düfte nicht nur riechen, sondern auch schmecken. Ja, das ist etwas ganz Besonderes und funktioniert, einfach erklärt, in etwa so: Am Gaumen hinter den Schneidezähnen sitzt ein kleines Zäpfchen, das über Kanäle sowohl mit dem Maul als auch mit der Nase verbunden ist. Es ist ein mit Flüssigkeit gefüllter Hohlraum, dessen Schleimhaut teilweise mit Riechzellen ausgestattet ist. Gerüche können so ungefiltert ins Gehirn gelangen. Die Düfte aus der Luft werden zuerst im Speichel gebunden. Bei der Verarbeitung der Duftstoffe durch Bruder Jacob sabbern wir auf höchstem Niveau. Dabei bilden sich weiße Schaummassen vor unserer Schnauze. Sieht gefährlich aus, ist es aber nicht.

Für welche Aufgaben können Hundenasen eingesetzt werden?

Jupidu, ich bin's noch mal: **Wölkchen**. Die meisten Hunde sind prächtige Helfer auf vier Pfoten. Unseren außerordentlichen Geruchssinn könnt ihr nicht nur bei der Jagd im traditionellen Sinn nutzen. Als Diensthunde sind wir geschätzte Kollegen der Polizei und bringen sie auf die Fährte vermisster Personen. Ein Mensch verliert pro Minute circa 40.000 Hautzellen und hinterlässt damit seinen Individualgeruch. Du willst lieber nicht wissen, wie viele Hautpartikel fremder Menschen du nach einem Volksfest mit nach Hause trägst. Dein spezieller Geruch lässt sich davon aber nicht überdecken, jedenfalls nicht für unsere feine Nase. Spezialisierte Leichenspürhunde können übrigens Tote im Wasser riechen. Und wir finden nicht nur Menschen. Wir decken auch kriminelle Machenschaften auf, erschnüffeln Drogen, Waffen, Tabak, verbotene Smartphones im Gefängnis und geschmuggeltes Bargeld. Stell dir mal vor, es gibt Hunde, die sind so perfekt trainiert, dass sie nur bei Bargeldmengen über 10.000 Euro anschlagen. Kleinere Summen lassen sie kalt. Wie geht denn so etwas?

Wir retten Menschenleben, indem wir vor Sprengstoff und Minen warnen. Als Rettungshunde findet ihr uns bei der Feuerwehr, im Katastrophenschutz bei Einsätzen nach Erdbeben und Lawinen und wir arbeiten auch bei Hilfsorganisationen auf der ganzen Welt. Wir sind vierbeinige Spezialisten, die durch keine Maschine ersetzt werden können. Duftgemische analysieren wir gründlich, speichern die Informationen im Gedächtnis und erkennen diese später wieder. Man kann uns außerdem beibringen, Krankheiten auf die Spur zu kommen.

Natürlich erfordern alle diese Tätigkeiten eine sorgfältige Berufsausbildung in jungen Jahren und nicht jeder Hund ist für solche Aufgaben geeignet. Die Anforderungen an uns sind sehr hoch. Wir müssen Nervenstärke und eine hohe Konzentrationsfähigkeit beweisen. Wir brauchen einen ausgeprägten Spiel- und Beutetrieb und wir dürfen keine Angst vor Schüssen, lauten Geräuschen und Gewittern haben. Ach ja, eins noch: Wir sind auch Erntehelfer! Bei der Suche nach Trüffel stehen wir unseren Kollegen aus der Trüffelschweinstaffel in nichts nach.

Warum ist die Hundenase feucht?

Hier bin ich wieder, der Airedale Terrier **Bruno**. Auch wenn ich bisher nicht auf der Sonnenseite des Lebens stand, bei meinem Riechsinn hat es das Universum gut mit mir gemeint. Mir entgeht kein Duft. Wenn meine Nase außerdem schön feucht ist, gibt's kein Halten mehr. Die Feuchtigkeit leitet die Gerüche noch besser und schneller in mein Gehirn. Das erklärt auch, warum wir Hunde nach einer Schnüffeltour eine ausgetrocknete Nase haben und dringend trinken müssen. Schnüffeln ist megaanstrengend.

Mein Herrchen Marvin mag es nicht, wenn ich meine Nase in Dinge stecke, die mich seiner Meinung nach nichts angehen – Kühlschrank, Mülleimer, gegüllte Felder, um nur einige meiner Favoriten zu nennen. Aber ich kann nicht anders. Es ist nicht meine Verfressenheit, die mich antreibt … na ja, ein bisschen vielleicht. Schuld ist meine feine Nase, die mich willenlos macht und immer beschäftigt sein möchte.

Foto: Shutterstock.com/Halfpoint

Die Spezialisten unter uns finden sogar vermisste Menschen im Schnee.

Wir Hunde können nicht nur Krankheiten und Emotionen erschnüffeln, wir merken auch, wenn sich der Hormoncocktail bei Frauchen ändert.

Können Hunde zuverlässig Krankheiten erschnüffeln?

Einstein: Ja, das liegt uns im Blut. Genauso wie wir über die Gefühlswelten und Stimmungslagen bei Menschen und unseren tierischen Kollegen Bescheid wissen, haben wir auch die faszinierende Fähigkeit, Krankheiten zu erkennen. Dabei hilft uns nicht nur unser phänomenal leistungsstarker Riechkolben, mit dem wir kleinste Veränderungen im Stoffwechsel unserer Menschen bemerken – krank riecht anders als gesund. Eine weitere Rolle spielt, dass wir bei der Wahrnehmung von veränderter Mimik und Gestik wahre Höchstleistungen erbringen. Dazu kommt unser natürlicher Drang, uns an unseren Menschen zu binden und ihn zu unterstützen. Wir Hunde sind doch allesamt kleine und große Sensibelchen mit eingebautem Helfersyndrom.

Mein Herrchen Max klagte beim Spaziergang über schmerzende Waden. Er musste immer wieder stehen bleiben. Die Abstände zwischen den Pausen wurden jeden Tag kürzer. Abends auf der Couch legte ich mich zu ihm und bemerkte, dass im Oberschenkel das Blut nicht ungehindert floss. Ich legte meine Schnauze immer wieder auf diese Stelle. Und ich lag richtig. Nicht die Waden waren kaputt, sondern er hatte die „Schaufensterkrankheit" – eine Arterienverengung am oberen Oberschenkel, wie sein Arzt bestätigte.

Wir können noch viel mehr: Man kann uns auf bestimmte Gerüche trainieren und somit auf bestimmte Krankheiten spezialisieren. Am besten klappt das, wenn wir solch eine Ausbildung in jungen Jahren erhalten. Es gibt Hunde, die in der Lage sind, Diabetiker vor Unterzuckerung zu warnen und Epileptiker vor einem drohenden Anfall. In Japan wurde bewiesen, dass Hunde am Geruch des Menschen und der von ihm ausgeatmeten Luft oder anhand von Urin- und Kotproben erkennen, ob dieser Mensch Krebs hat. Wir können sogar zwischen verschiedenen Krebsarten unterscheiden: Brust-, Eierstock-, Blasen- oder Lungenkrebs lassen sich so diagnostizieren. Die Trefferquote liegt bei über 90 Prozent. In Großbritannien erschnüffelten gut ausgebildete Hunde anhand einer Urinprobe mit einer Genauigkeit von 98 Prozent Prostatakrebs. In der britischen Studie ging man davon aus, dass wir Vierbeiner Chemikalien, die von einem Tumor ausgestoßen werden, herausfiltern. Ihr könnt uns auch zum „Parkinson-Frühwarnsystem" ausbilden. Wir erkennen Parkinson sogar schon Jahre bevor der Patient Symptome der Krankheit zeigt.

Und das Erstaunlichste: In einer finnischen Studie der Universität von Helsinki haben als Diagnosehelfer ausgebildete Hunde gelernt, den markanten Geruch der Covid-19-Infektion zu erkennen. Bereits wenige Monate nach Ausbruch der Pandemie konnten die ersten Hunde mit unglaublichem Erfolg die Urinproben von Coronainfizierten von Proben gesunder Menschen unterscheiden. Jetzt frage ich mich doch ernsthaft, warum statt teurer ungenauer Tests nicht gleich treffsichere, hochsensible Hunde mit der Auswertung von Pinkelproben beauftragt wurden.

Riechen Hunde Emotionen?

Mrs Buddy: Oh ja, wir wissen genau, wie sich jemand fühlt, ob ihn Freude, Stress, Ärger oder Angst dominieren. Nicht nur bei unseren Artgenossen. Mein Frauchen ekelt sich vor Regenwürmern, obwohl kein Regenwurm ihr jemals etwas zuleide getan hat und es keiner jemals tun wird. Auch wenn eine Nacktschnecke sie freundlich anblinzelt, gerät Nina in Atemnot. Frauchen kann nicht barfuß über einen Rasen laufen. Sie scannt den ganzen Garten ab, bevor wir nach draußen gehen. Auf feuchtem Waldboden mutiert sie zur Stepptänzerin, immer ein Auge auf den Boden gerichtet. Da könnte ja wieder so ein Monster herumkriechen und ihr auflauern. Vor lauter Aufregung schwitzt sie und ihr Puls erhöht sich. Sie merkt das vielleicht gar nicht mehr, aber ich kann genau diese feinen Ausdünstungen erschnüffeln und deuten. Ich weiß, dass sie Panik hat. Gut, dass sie nicht riechen kann, dass ich mich über ihr Verhalten insgeheim köstlich amüsiere. Och, Frauchen, das kann man doch therapieren. Magst einen Grappa?

Ich weiß, solche Phobien, Ekelgefühle oder Ängste lassen sich nicht kontrollieren. Emotionen entstehen durch biochemische Prozesse in unserem Körper und setzen Botenstoffe frei. Diese Düfte riechen je nach Stimmungslage, ob Stress oder Glücksrausch, ganz unterschiedlich. Aus der Intensität des Geruchs kann ich auf die Stärke des Gefühls schließen. Unsere Geruchswahrnehmung ist hervorragend. Zudem sind wir gesegnet mit einer ausgeprägten Beobachtungsgabe. Wir registrieren kleinste Bewegungen, minimale Änderungen in deiner Haltung und jede Nuance deiner Stimme. Das alles analysieren wir blitzartig. Dein Körper kann nicht lügen. Wenn du traurig bist, kannst du so viel lachen, wie du willst. Ich spüre genau, dass dein Lachen verzweifelt ist.

Ich merke, wenn Menschen nicht authentisch und ehrlich sind. Besonders, wenn sie mit meinem Frauchen keine aufrichtigen Absichten verfolgen. Ich warne Nina durch mein Verhalten. Sie erkennt es nur nicht immer gleich oder will es nicht wahrhaben. Nina ist nicht unbedingt naiv, aber sie hat einen Drang, stets das Gute sehen zu wollen. Eine Zeit lang arbeitete sie als Freelancerin im Büro eines Kunden. Du musst wissen: In unserem Büro zu Hause liege ich stundenlang ohne einen Mucks unterm Schreibtisch und höre dem Geklapper der Tastatur zu. Das entspannt mich. In dem fremden Büro war das nicht so. Schon auf dem Weg vom Parkplatz dorthin stemmte ich mich kräftig in die Leine. Statt meine Signale zu erkennen, wurde Frauchen ungeduldig. Zwanghafte Pünktlichkeit steckt tief in ihr. Ich habe mich bei dem Kunden sehr unwohl gefühlt, war unruhig, lief immer wieder zur Tür, forderte Nina zum Gehen auf. Gelinde gesagt herrschte „schlechte Luft" in dem Büro. Und meine Sensoren hatten recht. Es kam zu mehr und mehr Unstimmigkeiten zwischen dem Kunden und Frauchen, die Stimmung kippte, das Vertrauen zerbrach. Wir gingen nie wieder in das Büro.

Foto: shutterstock.com/Bykhina Alena

Ich höre was, was du nicht hörst ...

Können Hunde besser hören als Menschen?

Wölkchen: Bei der Verteilung der Nasen hat das Universum es sehr gut mit uns Hunden gemeint. Aber bei unserem Hörsinn wurde auch nicht gegeizt. Die Kombination daraus ist opulent. Wir hören um ein Vielfaches besser als Menschen. Bei bestimmten Geräuschen sogar zig-hundertfach deutlicher. Wie Fledermäuse und Delfine können wir, von dir unbemerkt, bis in den Ultraschallbereich hören. Unsere wilden Vorfahren jagten nicht nur Antilopen, Rehe und Schafe, sondern auch Kleintiere. Mäuse, Ratten oder Kaninchen machen hochfrequente Quietsch-, Kratz- und Raschelgeräusche. Die Fähigkeit, diese Töne aus weiter Entfernung wahrzunehmen und zu orten, war für Wölfe überlebenswichtig. Wir haben diese Fähigkeit geerbt.

Menschen hören in einem sehr tiefen Bereich von 20 Hertz (Schwingungen pro Minute) bis hin zu hohen Tönen mit 20.000 Hertz. Unser Gehör umfasst eine Bandbreite von 15 bis 50.000 Hertz. Astronomisch, oder? Wenn unser Gehör altersbedingt, durch Krankheiten, Ohrenschmalz oder durch im Ohr steckende Legosteine oder Hosenknöpfe nachlässt, gehen zuerst die tiefen Töne flöten. Dazu gehören menschliche Stimmen. Bei mir hat das vor einem Jahr angefangen. Unter

uns gesagt: Manchmal höre ich Frauchens Rufe durchaus. Aber während der Inspektion einer atemberaubenden Harnprobe schalte ich auf Durchzug. Ich bin in besonders starkem Maß von sinnlichem Verlangen erfüllt. Meine Prostata ist noch nicht ausgetrocknet und fordert gelüstig nach einer brünstigen Hündin.

Unser Ohr ist ein Multi-Tasking-Wunder und das zweitwichtigste Sinnesorgan nach unserer Nase. Wir nutzen unsere Ohren zur Kommunikation, als Geräuschfilter und Richtmikrofon. Du erfährst gleich noch, welche Sonderausstattung unsere Lauscher bereichert.

Hören Schlappohren schlechter?

Butkus: Ich gebe es ungern zu, aber stehohrige Hunde sind uns Schlapp- und Hängeohrlern ein wenig überlegen. Im Alltag ist das aber nicht besonders relevant. Ich gleiche diesen Nachteil mit kleinen Kopfdrehungen und durch meine superfeine Nase aus. Schon klappt's wieder mit der Ortung. Mein Orientierungssinn ist ohnehin sagenumwoben. Ach ja, das wollte ich schon lange klären: Im Ort verbreiten böse Stimmen das Gerücht, ich würde oft weglaufen. Ich schwöre, ich bin noch nie abgehauen. Ich laufe vielleicht mal irgendwohin, um nachzuzählen, ob noch alle Hasen da sind. Aber durchbrennen? Niemals. Ich setze doch nicht mein All-inclusive-Paket bei Johannes aufs Spiel. Außerdem muss sich Johannes keine Sorgen machen, ich finde immer den Weg zurück – kann aber schon mal ein

Bassets haben besonders lange Ohren, die beim Rennen auch mal lustig fliegen.

Stündchen dauern. Okay, manchmal verletze ich mich auf meinen Streifzügen. Das ist nicht förderlich für meine operierten Beine. Aber ich laufe nicht weg, nur hin. Zudem kündige ich immer an, wenn ich sofort nach Hause will. Das ist der Moment, in dem ich mir ein Stöckchen klaue und zielstrebig Kurs auf unser Haus nehme. Und wenn ich gar nicht mehr laufen will, setze ich mich mitten auf den Weg und verharre dort regungslos. Oh, abgeschweift, es ging ja um meine Ohren. Egal, das musste jetzt mal klargestellt werden.

Meine Schlappohren stören mich nicht. Im Gegenteil: Ich finde sie richtig hübsch, sie stehen mir gut. Ich muss sie nur öfter putzen, weil sich Ohrenschmalz hartnäckiger hält. Ich höre trotzdem ausgezeichnet, wenn ich denn will.

Die Größe unserer Ohren hat Einfluss auf die Qualität des Hörens. Unsere Lauscher wirken wie ein Verstärker. Ich kann mit meinen großen Ohren etwas besser hören als Hunde mit kleinen Ohren. Für ein Landei wie mich ist das nicht immer ein Vorteil. In Großstädten macht mich das ganze Sammelsurium an Geräuschen zappelig. Lkws, Autos, Musik, Kirchenglocken, laute Menschen, Sirenen, fiepsendes Kleingetier – alles

durcheinander. Nö, was bin ich froh, auf dem Land zu leben. Vielleicht gibt es irgendwann endlich mal Ohrstöpsel für uns Fellschnauzen.

Weißt du eigentlich, welcher Hund die längsten Ohren der Welt hat? Im Guinnessbuch der Rekorde ist ein Basset namens Jack der Rekordhalter. Seine Lauscher messen erstaunliche 33,2 Zentimeter.

Warum stören laute Geräusche Welpen nicht?

Amy: Als meine sieben Welpen das Licht der Welt erblickten, lebten wir noch in einer Erdgeschosswohnung mit einer an den Garten angrenzenden Straßenbahnhaltestelle. Wir wohnten dort nicht lange, denn Frauchen und Herrchen empfanden das Quietschen der verrosteten Schienen beim Anfahren und Abbremsen der Straßenbahn als ohrenbetäubend. Es war für sie ein schmerzhaftes Geräusch.

Meine Welpen störte das nicht im Geringsten. Hundebabys werden nicht nur blind, sondern auch taub geboren. Die Ohren öffnen sich ab dem zwölften Lebenstag. Der Gehörgang ist sogar erst nach vier bis sechs Wochen voll entwickelt. Und auch dann ließen

Foto: Shutterstock.com/Anna Titova

49

sich meine Minis von den Geräuschen der Straßenbahn nicht aus der Ruhe bringen. Durch die langsame Öffnung des Gehörs hatten sie sich bereits nach und nach an das Gequietsche gewöhnt.

Wieso drehen so viele Hunde an Silvester durch?

Jetzt melde ich mich mal zu Wort, **Hyggeli**, die Irische Wolfshündin. Wie mein Name schon sagt, bin ich normalerweise gemütlich und ausgeglichen. So einfach wirft mich nichts aus der Bahn. Aber Silvester und Feuerwerke, ich sage es dir, das ist das Schlimmste für mich und meinen Mitbewohner Lupo, den Bernhardiner.

Wir, die mutig Unerschrockenen, würden uns am liebsten wegbeamen. Wir verstehen nicht richtig, was da vor sich geht: grelle Raketen, laute Böller, zischende Objekte, die den Himmel bunt einfärben. Das Pfeifen beim Aufstieg von manchen Raketen ist ohrenzerschmetternd und macht uns Angst. In einer einzigen Sekunde gibt es 3000 bis 4000 kleine Explosionen. Ihr

hört das nicht. Für uns ist das wie ein Maschinengewehr, das sich nicht mehr beruhigen kann. Noch dazu die Schallwellen durch den plötzlichen Druckanstieg beim Knall. Lupo und mich versetzt außerdem der

Club der weisen Hunde:

In einer Studie der Universität Helsinki mit fast 14.000 Hunden wurde nachgewiesen, dass jeder dritte Hund Angst vor lauten Geräuschen zeigt, insbesondere vor Gewitter und Feuerwerk.
Wir sind extrem lärmempfindlich und hören weitaus mehr als Menschen. Das ist Fluch und Segen zugleich. Anschreien verursacht Stress, Unwohlsein und Angst. Ein Fernseher auf 400 Stäbchen hochgedreht und laute Musik treiben uns in den Wahnsinn. Dein Küchenmixer beißt uns fast das Trommelfell durch. Wir müssen uns an schrillen oder donnernden Radau langsam gewöhnen. Das tun wir auch, so gut es geht, oder wir flüchten an Orte, die lärmabweisend und schalldämmend wirken und die Misere verbessern.

Wenn es sehr laut wird, haben viele Hunde Angst und versuchen, sich in Sicherheit zu bringen.

Foto: Shutterstock.com/Maria Dabrowska

stechende Brandgeruch der Knallkörper in Furcht und Schrecken. Kein Wunder bei unserem feinen Geruchssinn. Die Lichteffekte der Luftheuler, die ihr so schön findet, sind auch nichts für uns. Alles zusammengenommen ist so ein Feuerwerk der Extraklasse zu viel für unsere sensiblen Sinne. Es bleibt ja auch nicht bei der einen Stunde in der Silvesternacht. Tage zuvor und danach weiß man nie, ob es nicht wieder irgendwo knallt und pfeift. Hyggelig ist das nicht. Rückzug in den Keller, Rollläden runter, Fenster zu – das macht es einigermaßen erträglich. Herrchen bringt uns immer einen großen Knochen. Selbst den rühren wir vor lauter Stress nicht an. Lupo und ich wären am liebsten auf einer einsamen Berghütte an einem lodernden Kamin, weit weg von dem Trubel. Das steht ganz oben auf unserem Wunschzettel für den nächsten Jahreswechsel. Vielleicht klappt's ja.

Warum klappt's nicht mit dem Rückruf?

Hey, Leute, hier spricht **Valina**, die sechsjährige liebste Labrador-Vizsla-Mischlingshündin der Welt. Ich lebe von klein an bei meinem Frauchen Angie. Sie ist eine entzückende Person und lässt mir viele Freiheiten. Beim Gassigehen kann ich mich so richtig austoben. Angie quatscht ständig mit ihren Freundinnen, mit ihrem Telefon oder führt Selbstgespräche. Ich kann mich ungestört der Natur widmen. Besonders mag ich den See oder die Isar, denn mich faszinieren Wasservögel. Ich bin ein bisschen zu dick, aber wenn ich einen Vogel wittere, schalte ich den Turbo ein und überhole mich fast selbst dabei. Kein Sprint ist zu anstrengend. Vollgepumpt mit Glückshormonen pese ich den Vögeln hinterher. Und während ich alles gebe, höre ich mein Frauchen kreischen: „Valina, Schaaaaaatz, sofort zurück! Schaaaaaatz …! Wird's bald, blöder Köter? Duwirstwaserlebenwennichdichkriege!" Ja hat die denn verbalen Durchfall? Sie wird immer hysterischer, setzt sich in Bewegung und verfolgt mich. Immer noch brüllend. Ha, das schafft sie nie, aber nett von ihr, dass sie mitspielt. Ich gebe noch ein bisschen mehr Gas, nicht mehr weit bis zum Wasser. Platsch, ich bin drin. Och, schade, da fliegt mein Mittagessen davon. Ich paddle noch hinterher,

Club der weisen Hunde:

In der Regel hört dich dein Hund sehr wohl. Aber, wie Valina sagt, warum sollte er zu dir kommen, wenn du bei seiner letzten Rückkehr wütend warst und ihn bestraft hast? In seinen Augen hatte er alles richtig gemacht. Er ist gekommen. Dafür wurde er aber getadelt statt gelobt. Das ergibt für Hunde keinen Sinn. Also denk dran: Auch wenn du dir große Sorgen gemacht hast, weil dein Hund schon außer Sichtweite war und du die Gefahr der nahen Hauptstraße kennst – bestrafe einen Hund niemals fürs Zurückkommen. Wenn du noch zu aufgeregt bist und ihn gerade beim besten Willen nicht loben kannst, atme tief durch, verhalte dich so ruhig wie möglich und laufe mit ihm zusammen weiter. Bewegung baut Stress ab. Oder mache ein Spielchen mit ihm. Das kühlt die Gemüter.
Wir haben noch einen Tipp für dich, wie du die Aufmerksamkeit deines Hundes bekommen kannst: Dreh dich um und laufe in eine andere Richtung als dein Hund. Die wenigsten Hunde halten es lange aus, wenn Herrchen und Frauchen sich entfernen, und legen dann schnell einen Sprint zu ihren Menschen ein. Damit es klappt, sollte dein Hund noch nicht im vollen Jagdfieber sein und du solltest vorher den Rückruf fleißig mit ihm geübt haben. Er muss wissen, dass sich Kommen für ihn immer lohnt.
Ach ja, es gibt ein Hilfsmittel, mit dem du deinen Hund auf weite Entfernungen erreichen kannst: die Hundepfeife. Sie ist speziell auf unseren Hochfrequenzbereich ausgelegt, für dich kaum hörbar. Und sie hat noch einen Vorteil: Sie klingt immer gleich, während sich deine Stimme je nach deiner Laune unterschiedlich anhört. Für uns ist das freundliche „Hierher", das wir vom Üben kennen, nicht dasselbe wie ein wütendes „Hiiiiierheeeer, sofort, mach schon!". Den Pfiff erkennen wir auf Anhieb – sofern wir vorher gelernt haben, dass er „zurückkommen" bedeutet.

aber nichts mehr zu wollen. Egal, Futter gibt's auch daheim und ich hatte meinen Spaß. Zurück geht's Richtung Ufer. Oh, Angie hört sich schlecht gelaunt an. Warum schreit sie denn so laut? Ich höre doch gut. Das ist unhöflich gegenüber meinen feinen Ohren. Da schwimme ich lieber noch eine Runde. Jetzt zurückkommen bedeutet Ärger. Warum sollte ich das riskieren? Ich weiß ja, dass Frauchen dann laut schimpft, mir sofort die Leine anlegt und daran herumzerrt. Das macht nicht glücklich.

Warum flippt mein Hund beim Staubsaugen aus?

Mrs Buddy: Als ich bei Nina einzog, hatte ich in den ersten Wochen so mancherlei Begegnungen mit Monstern und Dämonen. Manchmal schien sich einfach alles gegen mich verschworen zu haben. Auf meine Auseinandersetzung mit dem piksenden Kaktus, der sich energisch in meine zarte Welpenhaut bohrte, gehe ich jetzt nicht näher ein. Aufgespießt zu werden, nur weil man nicht rechtzeitig bremst, ist nicht lustig.

Kaum war die Sache mit dem grünen Stacheltier erledigt, kam ein schwarzes Ungeheuer aus dem Schrank. Ui, das sah aber unfreundlich aus mit seinem langen Rüssel. Wie befürchtet wohnte es auch hier: Frauchen nannte es Blacky. Mist, Blacky hatte mich entdeckt und knurrte mich an. Schlimmer noch, er beklaute uns. Hab's genau gesehen, wie er eine Münze aufgesaugt hat. Blacky kreischte, quietschte und bewegte sich auf mich zu. Ich flüchtete ins nächste Zimmer. Gerade noch mal gut gegangen. Was für fiese Geräusche! Zu früh gefreut. Er folgte mir bis ins Schlafzimmer. Jetzt konnte ich nicht flüchten, denn dazu hätte ich es an ihm vorbei durch die Tür zurück ins Wohnzimmer schaffen müssen. Oh neee, der Rüssel wurde immer länger. Ich packte meinen Mut zusammen und sprang auf ihn. Dir zeige ich es! Unbeirrt bewegte sich Blacky weiter. Oh nein, er verschluckte auch noch eine kleine Gummiente. Mit meinen scharfen Zähnchen biss ich ihm in den Rüssel. Er stank immer mehr und plusterte sich auf, wurde noch lauter. Habe ihn noch mal gebissen und mit den Tatzen ordentlich verhauen. Das schien Blacky nicht zu beeindrucken. Ich kämpfte hier um das Überleben und mein

Dass der Staubsauger uns nicht nach dem Leben trachtet, musst du uns erst erklären.

Club der weisen Hunde:

Unser Hundeohr ist im hochfrequenten Bereich besonders lärmempfindlich. Geräusche, die du kaum oder gar nicht wahrnimmst, können für uns schmerzhaft laut sein. Da kann uns schon mal eine Angstpfütze entgleiten. Auslöser können Dinge sein, über die du noch nie nachgedacht hast. Das ist dem Welpen Picasso passiert. Wenn Frauchen ins Badezimmer ging, blieb er seelenruhig vor der Tür liegen. Verschwand hingegen sein Herrchen, lief Picasso Amok. Das Panikorchester in seinem Kopf trieb den kleinen Racker in die hinterste Ecke des Flurs und veranlasste ihn dazu, sich wie besessen im Kreis um sich selbst zu drehen. Der Auslöser war die elektrische Zahnbürste, die nur Herrchen benutzte. So empfindlich können wir Hunde auf Geräusche reagieren.

Frauchen fand den Kampf der Giganten wohl lustig. Ich hatte Angst und meine Blase drückte. Ich ließ es laufen, über Blacky rüber. Er röchelte noch ein bisschen, dann war Ruhe. Besiegt, dachte ich.

Am nächsten Tag stand Blacky wieder im Wohnzimmer, aber er machte keine Geräusche. Schon besser. Dafür roch er nach einem meiner Lieblingssnacks: Würstchen aus Hirschfleisch. Das bekomme ich nur ganz selten und nun lag es auf seinem Rücken. Ich beobachtete ihn eine Weile, hielt inne und schlich mich langsam an ihn heran. Blacky machte keinen Mucks. Sein langer Rüssel lag reglos auf dem Boden. Todesmutig und blitzschnell klaute ich das Würstchen und eilte zu meinem Hundebett. Geschafft. Oh, wie lecker. Blacky zeigte kein Interesse an mir. Vielleicht ist er ja doch gar nicht so bösartig? Und siehe da: Blacky brachte mir nun jeden Tag Geschenke, ohne zu röcheln und zu quietschen. Schon nach ein paar Tagen freute ich mich richtig, ihn zu sehen. Denn das bedeutete: Hirschwürstchen im Anflug! Wir einigten uns: Solange er nicht gluckste und prustete, konnte ich mir gefahrlos meinen Leckerbissen abholen und ihn in meiner Höhle fressen. Da ich Blacky nun kannte, durfte er nach einiger Zeit auch lärmend durch die Wohnung robben, ohne von mir attackiert zu werden. Ich blieb solange in meiner Höhle liegen.

Kann ein Hund sein Gehör abschalten?

Grüezi! Ich bin's, **Simba**, der Husky aus der Schweiz. Wir können bestimmte Geräusche ausblenden. Du kennst das sicher: Der Fernseher läuft, die Kinder spielen laut und dein Hund ruht in seinem Körbchen, als wäre er nicht da. Er hat seinen Hörschalter einfach ausgeknipst. Beim typischen Klappern seines Futternapfs ist er aber ganz sicher sofort hellwach und zur Stelle.

Wir haben zu Hause viel Besuch. Wenn mir das Geplapper zu viel wird, stelle ich meine Ohren auf Durchzug. Die Fähigkeit, Geräusche abzustellen, verdanken wir einer coolen Konstruktion unseres Hirns. Unsere Sinneszellen sind nicht direkt mit dem Ohr gekoppelt. Spezielle Nervenbahnen verbinden das Ohr mit dem zuständigen Hirnnerv. Wir schalten die Nerven schlichtweg ab, ähnlich wie ihr die Stummschalttaste beim Fernseher benutzt. Schlechte Karten hat Frauchen, wenn sie sich nachts leise zum Kühlschrank schleicht. Naschen ohne mich an ihrer Seite ist nicht. Dafür unterbreche ich meinen gesegneten Schlaf. Es lohnt sich fast immer.

Können Hunde mit den Ohren „sprechen"?

Da bin ich wieder, **Rasmus**, der türkische Kangal. Unsere Ohren haben neben dem Hören noch eine zweite wichtige Funktion: Sie sind grandiose Signalgeber bei der optischen Kommunikation. Sie verraten unsere Stimmung, und das ist nicht nur für unsere Hundekumpel eine wichtige Information. Butkus mit seinen Schlappohren und Hunde mit abgeschnittenen Ohren kommunizieren etwas undeutlicher als Stehohrige. Da braucht es ein geübtes Auge. Die Ohrstellung ist ein bedeutendes mimisches Zeichen, aber allein drückt sie nicht alles aus. Man muss immer auch die anderen Körpersignale beobachten. Was macht die Rute, ist die Haltung steif oder locker? Was sagen die Augen? Wenn dir ein Hund seine Zähne zeigt, muss er nicht zwangsläufig auf Krawall gebürstet sein. Er kann damit auch Angst signalisieren. Welche von beiden Möglichkeiten zutrifft, erkennst du unter anderem an seinen Ohren. Sind sie aufgestellt, kann das auf einen

Club der weisen Hunde:

Unsere Ohren vollbringen Meisterleistungen. Wir können aus bis zu 60 verschiedenen Geräuschquellen das Fiepen einer Maus herausfiltern und präzise orten, mit einer Abweichung von nur 2 Prozent. Die Maus fiept dann meist nicht mehr lange. Weitere Pluspunkte gehen an unsere 17 Ohrmuskeln, die eine hohe Beweglichkeit und Drehbarkeit ermöglichen. Unsere Ohren können unabhängig voneinander agieren. Während das rechte Ohr aufgestellt ist, kann das linke entspannt zur Seite wackeln.
Du kannst dich im Alltag auf unsere talentierten Lauscher verlassen. Wenn du etwas wirklich ernst meinst, hören wir das an der Tonlage. Du kannst es gern leise sagen. Ein klares, bestimmtes „NEIN" können wir gut von einem gesäuselten „FEIN" unterscheiden, sofern du uns vorher beigebracht hast, was die Wörter bedeuten. Du musst das Signalwort auch nicht hundertmal wiederholen. Einmal klar und deutlich reicht. Der Ton macht die Musik.

Angriff hindeuten. Angelegte Ohren hingegen weisen eher darauf hin, dass sich der Hund bedroht fühlt.

Mein kleiner Freund Balou, ein Zwergspitz, zeigt beim Spielen meist passive Demut und Unterwürfigkeit. Er rollt sich auf den Rücken, wendet den Kopf ab und legt die Ohren eng am Hinterkopf an. Ganz anders gibt sich Dobermannfrau Lucy. Sie strotzt vor Imponiergehabe, indem sie die Ohren nach vorn und oben zusammenzieht. Ihre langen Haxen sind durchgestreckt. Mit dem hoch aufgerichteten Hals wirkt sie majestätisch groß.

Wie testet man, ob der Vierbeiner noch gut hört?

Mrs Buddy: Mein Frauchen macht das so: Während ich entspannt irgendwo herumliege, hält sie sich im Zimmer nebenan auf. Sie klatscht in die Hände, klopft an die Tür oder spielt mit meinem Quietschball. Ein Hund, der gut hört, stellt die Ohren auf, dreht Kopf oder Körper in Richtung der Geräuschquelle oder läuft gleich zum Radau hin, um herauszufinden, was los ist. Wir machen das alle sechs bis zwölf Monate. Auch mit meinen neun Jahren höre ich noch ausgezeichnet, wenn ich will. Wichtig ist, dass dich dein Hund nicht sehen kann, denn sonst würde er vermutlich schon auf deinen Anblick reagieren, bevor er dich hört. Das würde das Testergebnis verfälschen. Einen tierärztlichen Hörtest kann dieser Laientest nicht ersetzen. Aber er gibt dir erste Hinweise auf Veränderungen.

 ## Frauchen ergänzt:

Den Hörtest können Sie ab einem Alter von etwa vier bis fünf Monaten in regelmäßigen Abständen machen. Bei einem alten Hund mag es durchaus sein, dass er eine tiefe Männerstimme nicht mehr hören kann, aber auf einen lauten Pfiff mit einem Zucken reagiert und den Kopf in Ihre Richtung dreht. Mithilfe von speziellen Geräten wie dem Otoskop ist es dem Tierarzt möglich, den tiefen Gehörgang einzusehen. Genau dort tummelt sich so einiges, was die Hörfähigkeit beeinflussen kann. Mücken, Milben, Sporen, Sand, Grannen und Gräser, aber auch Legosteine und andere Fremdkörper können dort lange verborgen bleiben und Entzündungen auslösen. Das warme, feuchte Ohr ist ein Eldorado für Bakterien und Pilze. Allergien können ebenfalls zu Schwellungen und Entzündungen des Gehörgangs führen, da die Belüftung nicht mehr gewährleistet wird. Bei großen Schlappohren ist besonders auf Infektionen zu achten. Im gesunden Ohr sorgen Filmhaare für den Abtransport des Ohrenschmalzes. Funktioniert die Selbstreinigung nicht mehr, ist das ein Fall für den Tierarzt. Beim Ohrenputzen mit Wattestäbchen drücken Sie möglicherweise den Schmutz noch tiefer in den Gehörgang hinein.

Ich spüre was, was du nicht spürst …

Was geht Hunden „unter die Haut"? Wie wichtig ist der Tastsinn?

Hier ist noch mal **Simba**. Ich bin ein einfühlsamer Husky. Unser Tastsinn hat zweifelsohne eine weitreichende Bedeutung. Er ist weitaus besser ausgeprägt als bei euch Zweibeinern. Unter all unseren Sinnen ist er der erste, der aktiv wird. Das geht schon los, bevor wir als blinde und taube Welpen die Augen und Ohren öffnen. Er verrät uns, wer zur engsten Familie gehört. Durch Berührungen entstehen emotionale und soziale Bindungen. Das geht uns unter die Haut. Wir Welpen beknabbern uns gegenseitig oder nehmen durch Stupsen mit der Schnauze Kontakt auf. Verschiedene Untergründe können wir über unsere vier Pfoten ertasten, warm und kalt unterscheiden. Wenn wir spielen wollen oder Kontakt suchen, tippen wir unsere Menschen oder Hundekumpel an. Als Welpen genießen wir besonders das Kontaktliegen und ausgiebiges Welpenschmusen. Das spendet nicht nur Wärme, sondern auch Geborgenheit und ein Zusammengehörigkeitsgefühl. Kontaktliegen sorgt für Behaglichkeit und bringt das Wohlfühlhormon Oxytocin in Wallung. Mein Frauchen Sofia genießt das gleichermaßen. Streicheleinheiten und sanfte Berührungen verstehe ich viel besser als ein verbales Lob.

Sind Fellschnauzen genauso schmerzempfindlich wie Menschen?

Happy: Oh ja, wir empfinden Schmerzen genauso wie ihr. Mrs Buddy, Wölkchen und ich können ein Lied davon singen, was bei uns schon alles repariert werden musste. Der große Unterschied zu euch ist, dass wir mit Schmerzen anders umgehen. Ihr Zweibeiner erzählt es gern, wenn euch was wehtut. Euch fließen die Tränen, ihr geht in Schonhaltung, bleibt einfach mal liegen oder lasst euch von Ärzten wieder zusammenflicken und gesund machen. Wir hingegen tun alles, damit niemand etwas bemerkt. Klar, wie bei euch gibt es auch unter uns Hunden Unterschiede in der individuellen Wahrnehmung von Schmerzen – von den Zimperlichen, den Jammerlappen bis hin zu den richtig harten Brocken, die viel aushalten können.

Foto: Shutterstock.com/Eric Isselee

Wir Hunde zeigen Schmerzen nur selten deutlich. Du musst genau hinsehen, um die Anzeichen zu erkennen.

Bei meinen Menschenrettungseinsätzen zeige ich normalerweise wahre Ermittlungsgröße. Dieses Mal zeugte mein Einsatz eher von wahrer Tollpatschigkeit. Haben sich doch glatt meine Beine vom Boden gelöst und mich in eine 4 Meter tiefe Gletscherspalte rutschen lassen. Voll auf die Seite geknallt, ungeschickt ein Bein dabei verdreht. Erst habe ich gar nichts mehr gespürt vor lauter Schock und Fracksausen. Aber als mich die Bergleute auf einem Schlitten in die Klinik brachten, stand ich kurz vor der Ohnmacht, um die Höllenpein zu ertragen. Ihr müsst aber nicht glauben, dass ich auch nur einen Mucks von mir gegeben hätte. Erst nach der Operation, als ich in meinem sicheren Zuhause war, konnte man mein Jaulen noch im nächsten Tal hören.

Warum ist das so, dass wir Hunde Leid lieber nicht anzeigen? Das ist der Wolf in uns. Das geschieht instinktiv. Krankheiten und Verletzungen machen uns schutzloser und anfälliger für einen Angriff. Im schlimmsten Fall bedeutet es Ausschluss aus der Familie. Es geht ums Überleben, darum, sich selbst zu schützen. Schmerzen zu verbergen ist eine Fähigkeit, die Wölfen in der Natur das Leben retten kann. Ein kranker Wolf hat nichts im Rudel verloren und wird schnell zu einem toten Wolf. Wölfinnen sortieren kranke Welpen, die sie für nicht überlebensfähig halten, gnadenlos aus oder töten sie, um das Überleben der anderen Wurfgeschwister zu sichern.

Woran erkenne ich, dass mein Hund Schmerzen hat?

Mrs Buddy: Oi, das ist eine verzwickte Angelegenheit, weil wir mit Schmerzen und Unwohlsein gern hinterm Berg halten. Als ich zwei Jahre alt war, waren meine Knochen schon ziemlich angeschlagen und beide Beine taten mir sehr weh. Meine Beschwerden wurden immer unerträglicher. Wenn ich das rechte Bein schonte, rächte sich kurze Zeit später mein linkes Bein. So humpelte ich mal rechts, mal links, je nachdem, wo der Schuh am meisten drückte. Anfangs auch nicht jeden Tag oder nur nach besonders langen Spaziergängen. Im Adrenalinrausch beim Spielen spürte ich meine kaputten Beine nicht. Mein Frauchen wurde immer verwirrter. Sie kann rechts und links sowieso nicht auseinanderhalten und konnte sich nicht vorstellen, dass beide Beine einen Knacks hatten. Nicht in meinen jungen Jahren. Oh nö, Frauchen, schon wieder ins Auto reinspringen? Mach ich nicht. Kann ich nicht. Will ich nicht. Im Wasser paddelte ich schneller denn je. Unser morgendliches Schwimmritual im See war Balsam für meine geschundenen Haxen. Doch nach ein paar Wochen schaffte ich trotzdem keinen zehnminütigen Spaziergang mehr. Es war Hölle. Ich musste mich ablegen, humpelte permanent, mein Fell wurde matt. Mannomann. Ich konnte meine Schmerzen nicht mehr verbergen. Ich zeigte deutlich: „Frauchen, lass die Bücher in deinem Selbsthilferegal und bring mich zum Arzt!" Nina verstand. Mein zweites Lebensjahr war echt wild entschlossen, ein echtes Mistjahr zu werden. Gibt's doch gar nicht. Nicht ein Kreuzbandriss, nein, zwei wurden festgestellt, gepaart mit Arthrose. Da half auch mein Vertrauen in die Selbstheilungskräfte meines Körpers nicht mehr.

Club der weisen Hunde:

Manche Symptome zeigen wir Hunde auch in Situationen, die nichts mit Schmerzen zu tun haben. Wenn unser Fell struppig ist, können Schmerzen ursächlich sein, genauso aber auch Mangelernährung oder Stress. Jeder Hund ist anders. Wenn Wölkchen „Rücken" hat, fängt er an zu knurren, sobald ihm jemand zu nahe kommt. Mrs Buddys Cousin, bei dem Krebs diagnostiziert wurde, litt derartig, dass er einen seiner allerliebsten Hundebetreuer heftig gebissen hat. Manche werden ruhiger, verkriechen sich und wollen die schmerzenden Stellen damit schützen. Du solltest aufmerksam sein, wenn die Bewegungsabläufe nicht mehr rund sind, dein Hund nur zögerlich aufsteht, absitzt oder hinkt und jede Treppe meidet. Auch das gezielte Ablecken und Schubbern an bestimmten Körperstellen kann auf Schmerz hindeuten. Zahnschmerzen könnten beispielsweise dahinterstecken, wenn dein Hund sich ständig an der Schnauze kratzt und seine Augen blass und trüb aussehen.

Gleich zweimal hintereinander schossen mich die Ärzte ins La-La-Land. Zurück kam ich jeweils mit Metallschienen im Knochen und sexy Strapsstrümpfen an den Beinen. Och neee, Frauchen, ist nicht dein Ernst jetzt! Ich soll auch noch Gummistiefel anziehen? Über die strammen Strapse?

 Frauchen ergänzt:

Ich fand keine Erklärung für das Humpeln im Seitenwechsel. Vielleicht hatte Mrs Buddy gerade einen Wachstumsschub? Ihr Appetit war grenzenlos wie eh und je, sie genoss unser gemeinsames Schwimmen. Es war ein heißer Sommer. Für mich kein Wunder, dass sie mehr Pausen beim Gassi einlegte. Mrs Buddy klebte in ungewohnter Weise an meinen Beinen. Das wertete ich als mühsam erarbeiteten Erziehungserfolg im Bei-Fuß-Gehen. Andererseits sah ich ihren Widerwillen beim Signal „Sitz", was bisher tadellos geklappt hatte. Sie wollte nicht mehr ins Auto springen. Na ja, Autofahren mochte sie noch nie. „Jetzt geht das Theater wieder von vorn los", dachte ich. Und so übersah ich wochenlang Symptome ihrer schmerzenden Hinterläufe, deutete diese schlicht falsch und ging viel zu spät zum Tierarzt. Mrs Buddy war die Meisterin im Unterdrücken, ich die im Nichterkennen. Drei Monate Ausgangssperre, Spielverbot mit anderen Hunden und Ruhe. Das war kein Spaß für und mit einem zweijährigen Energiebündel.

Können Hunde eine Gänsehaut bekommen?

Bruno: Gänsehaut bei meinem Herrchen Marvin sieht lustig aus. Wie viele kleine Minipickel. Er bekommt die, wenn ihm gerade mal wieder klar wird, was für ein Glückspilz er ist, weil er mich hat. Manchmal aber auch, wenn er einen Horrorfilm anschaut oder friert. Wir Fellschnauzen kriegen keine Gänsehaut. Stattdessen stehen uns die Haare zu Berge. Mediziner nennen das Piloerektion. Den meisten Menschen machen Hunde mit aufgestellten Haaren Angst. Sie denken, dass wir sie angreifen und beißen wollen. Das kann so sein, ist aber nicht immer so. Es bedeutet nur, dass wir sehr erregt sind. Im Tierheim standen mir oft die Haare zu Berge vor Angst und Stress. Auch bei Kälte, Unsicherheit und Freude, beim kräftigen Niesen oder beim Anblick einer wohlproportionierten Hündin regt sich das Fell.

Unabhängig von der Länge unseres Fells sieht das Aufrichten der Haare bei uns Vierbeinern unterschiedlich aus. Bei einigen bildet sich vom Nacken bis zum Schwanz eine schicke Irokesenfrisur. Bei anderen Hunden stehen die Nackenhaare senkrecht. Wenn sich das Fell nicht nur auf dem Rücken aufstellt, sondern auch seitlich, sieht der Hund wie ein Kugelfisch aus. Ich kann verstehen, dass wir dadurch größer wirken und somit als bedrohlicher wahrgenommen werden. Manchmal ist das ja auch sinnvoll. Wir können es nicht bewusst steuern. Du kannst auch nicht sagen: „Gänsehaut, komm zu mir." Sie kommt einfach.

Kann ich die hässlichen Bartstoppeln meiner Hündin abschneiden?

Luna: Ogottogottogott, ich bin empört über diese Frage. Hilfe, nein, bloß nicht abschneiden! Mir ist das fast beim Hundefriseur passiert. Mein Frauchen Rosie

Die störrischen Haare an unserer Schnauze sind für die Schere tabu!

wollte mich für eine Hundeausstellung besonders aufbrezeln. Das Gezuppel beim Ankleben der Pferdehaar-Extensions und das Herumknoten für die Schleifchen in meinem Prachthaar ließ ich noch tapfer über mich ergehen. Aber als der Friseur meinen vermeintlichen Damenbart abschneiden wollte, schnappte ich zu. Ihm fiel die Schere aus der Hand. Ich konnte mit einem Satz flüchten. Puh. Mannomann, das sind keine Bartstoppeln an der Seite meiner Schnauze, über den Augen und am Unterkiefer, sondern hochempfindliche Tasthaare. Hätte der Friseur doch fast mein Frühwarnsystem zum Schutz meiner Augen und zur Vermeidung von Zusammenstößen mit anderen Objekten zerstört. Die „Bartstoppeln" heißen Vibrissen und spielen eine entscheidende Rolle bei meiner haptischen Wahrnehmung, wenn nicht sogar die entscheidende. Diese Härchen spüren den kleinsten Lufthauch und verraten mir, wo Hindernisse sind. Auch in der Dunkelheit oder für blinde Hunde ist das eminent hilfreich, gibt Sicherheit. Du kannst diese „Bartstoppeln" gut von anderen Haaren unterscheiden. Sie sind tief in die Haut eingebettet, viel störriger und fester als andere Körperhaare und tierisch berührungsempfindlich. Ich setze meine Vibrissen zudem zur Kommunikation ein. Wenn ich Angst habe, lege ich sie eng an, wie meine Ohren. Bei Aufregung spreize ich diese Haare ab.

Brauchen Hunde ein Deo für die Achseln?

Happy: Bei manchen Hundebegegnungen drängt sich mir die Überlegung auf, ob ein Ganzkörperdeo helfen könnte. Bei bestimmten Menschen allerdings auch …

Nur, bei uns Hunden wäre das Einschmieren mit einem Deo unter den Achseln sinnlos. Denn unsere Haut ist anders strukturiert als eure. Für Menschen ist das Schwitzen eine Methode, die Körpertemperatur zu regulieren. Wenngleich in unterschiedlichem Ausmaß: Jeder Mensch schwitzt bei Hitze, viel Bewegung, harter Arbeit, Stress, Fieber und in der Sauna. Manchen Zweibeinern steht der Schweiß auf der Stirn, anderen unter den Armen, und es gibt auch Menschen, die am ganzen Körper klatschnass sind. Eure Schweißdrüsen sind über die komplette Körperoberfläche verteilt. Es bildet sich ein mehr oder weniger sichtbarer Film auf eurer Haut.

Foto: Shutterstock.com/JoNo_N

Wie alle Hunde kann auch ich nicht über die Haut schwitzen. Ich kühle mich über meine lange Zunge.

Beim Verdunsten kühlt Flüssigkeit ab und somit hilft der Schweiß, euch abzukühlen, die Körpertemperatur zu senken.

Uns Vierbeinern fehlt dieser Mechanismus des Schwitzens über die Haut. Wir nutzen andere Möglichkeiten unseres Körpers zur Wärmeregulierung. Du wirst nie einen Hund sehen, der nach dem Herumtollen oder Sprinten mit einem vor Schweiß triefenden Körper zu dir gerannt kommt. Wir können Hitze nicht über unsere Haut ausgleichen, sondern nur über die Schweißdrüsen an unseren Pfotenballen und an der Nase. Das Ausdünsten über unsere Pfoten und das Hecheln mit der Zunge ist die eingebaute hündische Klimaanlage. Das Verdampfen der Flüssigkeit im Maul führt zum Herunterkühlen, aber auch zum Flüssigkeitsverlust. Wenn wir diesen nicht ausgleichen, kann es gefährlich werden. An heißen Tagen und nach übermäßiger sportlicher Betätigung können wir einen Hitzschlag bekommen, kollabieren und bewusstlos werden. Auch das Laufen auf schwarzem heißem Asphalt ist für uns Zehengänger höchst unangenehm.

Und wie war das jetzt mit dem Deo? Ihr benutzt es, um Bakterien abzutöten, die den unangenehmen Schweißgeruch auslösen. Da wir aber gar nicht unter den Achseln schwitzen können, hilft bei uns auch kein Deo. Wenn die Bäche im Sommer ausgetrocknet sind oder wir Hunde nicht in den See dürfen, nimmt Frauchen eine Blumenspritze mit. Damit sprüht sie sich selbst ein und bei mir die Pfoten und die Schnauze. Das ist herrlich erfrischend, die Zunge freut sich. Ich strahle immer, wenn sie das kleine gelbe Ding zückt. Mein Freund Eros, ein Malamute aus Alaska, mag die Sprühflaschen nicht. Er zieht sich im Sommer ein Kühlhalsband an und wirft seinen wuchtigen Körper auf eine Kühlmatte. Das schafft Linderung. Abkühlung verspricht auch das Liegen im Schatten oder auf kühlen Bodenbelägen wie Fliesenböden.

Schwitzen Schweißhunde stärker?

Hallo! Ich bin **Alois**, ein Bayerischer Gebirgsschweißhund. Der Club der weisen Hunde hat mich gebeten, diese Frage zu beantworten, weil ich ein typischer

Foto: Archiv Sauer/Andrea Ihringer

INNENTEMPERATUR IM AUTO NACH …

Außen-temperatur	5 Minuten	10 Minuten	30 Minuten	60 Minuten
20°	24°	27°	36°	46°
22°	26°	29°	38°	48°
24°	28°	31°	40°	50°
26°	30°	33°	42°	52°
28°	32°	35°	44°	54°
30°	34°	37°	46°	56°
32°	36°	39°	48°	58°
34°	38°	41°	50°	60°
36°	40°	43°	52°	62°
38°	42°	45°	54°	64°
40°	44°	47°	56°	68°

(Quelle: Hitzeentwicklung im geschlossenen Pkw nach A. Grundstein, University of Georgia 2010)

So schnell heizt sich ein geschlossener Pkw lebensgefährlich auf.

Vertreter der Schweißhunde bin. Lustige Frage. Kann auch nur von einem Menschen kommen. Nein, wir schwitzen nicht mehr und nicht weniger als unsere Hundekollegen. Das Wort „Schweiß" kommt aus der Jägersprache und bedeutet „Blut". Wir wurden für die Jagd gezüchtet und arbeiten hoch konzentriert. Noch Tage später führen uns selbst die allerfeinsten Blutpartikel zielsicher zum angeschossenen oder verletzten Wild, auch über sehr weite Strecken. Dabei bringt uns so leicht nichts ins Schwitzen. Wir sind Laufhunde und herausragende Blutspurspezialisten.

Können Hunde Schweißfüße bekommen?

Rasmus: Und wie! Ich habe mich einmal in einer Ankerkette verheddert und bin mit beiden Vorderpfoten voll in die spitzen Ankerhaken aus Stahl getreten. Auweia, das tat verdammt weh. Nach den Operationen an meinen geschundenen Pfoten musste ich Schuhe anziehen. Die waren nicht nur lästig, sondern auch ein Brutkasten für Gestank. Da fliegt jede Tarnung auf. Frauchen hat beim Verbandswechsel ganz schön die Nase gerümpft. Zwischen den Zehen haben wir viele Schweißdrüsen, die ein Sekret absondern. Mikroorganismen verstecken sich dort gern und zersetzen diese Absonderungen. Es entstehen Fettsäuremoleküle, die den Pfotengeruch verursachen. Das kann auch ohne Schuhe und Socken passieren. Stress oder ungesunde Ernährung können diesen Geruch verstärken.

Wie lange kann ein Hund im Sommer im Auto bleiben?

Hyggeli: Mein Frauchen Nelli wollte kurz zum Bäcker reinspringen. Es war ein brutal heißer Tag mit 36 Grad. Schon nach wenigen Minuten im Auto musste ich heftig hecheln. Wo blieb Nelli nur? Mir wurde es immer heißer, mein Herz klopfte, mir war schwindelig. Ich hämmerte mit meinen Pfoten gegen die Scheibe, bellte und jaulte. Panik! Ich konnte nicht mehr klar denken. Endlich bemerkte mich ein Fußgänger, und dann sah ich schemenhaft, wie Nelli auf unser Auto zugerannt kam. Irgendjemand kam mit einer klitschnassen Decke und brachte Wasser. Puh, gerade noch mal gut gegangen.

Meine normale Körpertemperatur liegt zwischen 38 und 39 Grad. Erwärmt sich diese auf über 40 Grad, schwebe ich in Lebensgefahr. An besagtem Tag war das schon nach 10 Minuten so. Du weißt ja, dass wir Hitze nur über unsere Pfoten und Hecheln regulieren können. Das funktioniert ab einem gewissen Punkt nicht mehr, der Körper schaltet ab. Atembeschwerden, erhöhte Herzfrequenz, Verwirrtheit, Schwindel, Ohnmacht, Nierenversagen oder ein Lungenödem bis hin zum Tod durch Hitzschlag sind die möglichen Folgen. Bei geschlossenen Autofenstern ohne Luftstrom und Wasser ist das besonders fatal.

Nelli hat nach diesem Schock ein tolles Fenstergitter gekauft. So kann sie die Scheiben von ihrem Range Rover weit offen lassen und ich halte es ein paar Minuten aus, wenn das Auto sicher im Schatten steht.

Club der weisen Hunde:

In Deutschland sagt das Gesetz Folgendes: Wenn du ein leidendes Tier im überhitzten Auto entdeckst, musst du erst mal versuchen, den Halter ausfindig zu machen. So viel zur Theorie. Ehrlich, das wird auf einem großen Parkplatz vor dem Einkaufszentrum eine ziemlich aussichtslose Mission sein, die zu viel Zeit kostet. Ist es also nicht möglich, den Hundebesitzer zeitnah aufzustöbern, kannst du sofort die Polizei oder Feuerwehr rufen. Wenn der Zustand des Hundes so kritisch ist, dass nicht mehr auf das Eintreffen der Rettungskräfte gewartet werden kann, darfst du die Scheibe einschlagen.

Zeigt der eingesperrte Hund typische Anzeichen für einen Hitzschlag, wie starkes Hecheln, Erbrechen, Durchfall, Apathie, Taumeln oder Krämpfe, musst du eingreifen. Mache sicherheitshalber ein paar Fotos oder ziehe einen Zeugen hinzu, um später notfalls darzustellen, dass das Leben des Hundes auf der Kippe stand. Mache dir keine Gedanken über die Kosten für die Scheibe. Den Schaden am Auto und den Feuerwehreinsatz trägt der Hundehalter. Und nicht nur das. Bei fahrlässiger Tierquälerei kann dem Autobesitzer ein Bußgeld von bis zu 25.000 Euro auferlegt werden. Sieht das Gericht im Verhalten des Hundebesitzers eine bewusste Straftat, droht eine Gefängnisstrafe von bis zu drei Jahren.

Foto: Shutterstock/Jsikundova

Gute Gefühle,
mächtige Gedanken und emotionale Turbulenzen

Mrs Buddy: Dieses Kapitel lässt dich in die Welt unserer Gedanken und Emotionen eintauchen. Was bringt unsere Gefühle in Wallung? Welcher Film läuft im Kopfkino? Empfinden wir Neid und Eifersucht? Können wir in Depressionen und tiefe Trauer verfallen? Steigt uns die Schamröte ins Gesicht, wenn Frauchen uns beim Koten zusieht? Sind wir in der Lage, jemandem einen Bären aufzubinden? Wie steht's um unser musikalisches Talent? Wissen wir, was die Zukunft bringt? Was bedeutet: Hunde leben im Hier und Jetzt?

Wer, wo, was strapaziert unsere Gefühlswelt? Was passiert, wenn wir unter Dauerstress leiden? Warum wird manchen von uns beim Autofahren kotzübel? Wie bewältigen wir Stress und Angst? Kommen wir mit Wut im Bauch zur Welt? Warum verstricken wir uns in „Blitzkriege" und werden zu aggressiven Streithähnen? Gibt es Wendemöglichkeiten im emotionalen Tunnel?

Vor ein paar Hundert Jahren waren Wissenschaftler überzeugt, Tiere wären mit Seilzügen und Schaltern gefüllte Maschinen, die man programmieren kann. Die folgende Behauptung des französischen Philosophen Nicolas Malebranche fanden wir so spannend, dass mein Freund Einstein sie in seine „Einsteinpedia" aufgenommen hat: „Tiere haben weder Intelligenz noch Seele, wie man es gewöhnlicherweise versteht. Sie fressen ohne Vergnügen, sie schreien ohne Schmerz, sie wachsen, ohne es zu wissen. Sie ersehnen nichts, sie fürchten nichts, sie wissen nichts."

Heute zeigen unzählige Studien und Forschungsprojekte, dass unser Hundehirn genauso strukturiert aufgebaut ist wie das von Menschen. Uns halten die gleichen Hormone auf Trab. Doch es gibt einen großen Unterschied zwischen unserer hundischen Gefühlswelt und eurer, den nur wenige Menschen kennen. Einstein wird ihn dir jetzt verraten.

Schlummernde Talente und turbulentes Seelenleben

Haben Hunde die gleiche Bandbreite an Gefühlen wie Menschen?

Einstein: Gefühle entwickeln sich ab der Geburt und werden mit der Zeit komplexer. In den ersten zweieinhalb Jahren lernt ein menschliches Kleinkind Emotionen wie Erregung, Stress und Zufriedenheit kennen. Dann stellen sich Ängste, Wut, Argwohn, Scheuheit und Ekel ein, aber auch Freude und Zuneigung. Bis zu diesem Punkt ist das bei Hunden identisch. Allerdings durchlaufen wir diese Entwicklungsphase viel schneller, nämlich in nur vier bis sechs Monaten. Danach ist bei uns Schluss mit neuen Gefühlsduseleien. Ein Menschenkind hingegen entwickelt sich weiter: Stolz, Schuldgefühle, Scham oder Verachtung bereichern seine Gefühlswelt. Wir Vierbeiner kennen solche komplexen Gefühle nicht. Wir sind mit den Basisgefühlen wie Angst, Ekel, Wut, Stress, Erregtheit, Zufriedenheit, Freude, Liebe, Zuneigung und Scheuheit ausgestattet.

Können Hunde ein schlechtes Gewissen haben?

Simba: Ich weiß, du denkst, dass dein Hund sehr wohl ein schlechtes Gewissen haben kann und das auch zeigt, indem er sich beschämt in der letzten Ecke verschanzt. So ticken wir aber nicht. Das ist menschliche Interpretation. Die Antwort auf die Frage nach dem schlechten Gewissen ist: Nein, wir haben weder ein schlechtes Gewissen, noch fühlen wir uns schuldig, wenn wir das schicke neue Sofa in deiner Abwesenheit zerfetzt haben. Für uns gibt es keine materiellen Werte. Wir wissen nicht, wie sündhaft teuer deine Couch war und wie lange du dafür gespart hast. Wir zerstören deine Lieblingsdinge sicher nicht, um dich zu ärgern oder zu bestrafen. Dafür genügen uns viel einfachere Gründe wie Langeweile, Trennungsstress oder Schmerzen.

Du willst wissen, warum sich dein Hund dann unterm Tisch verkriecht, wenn du heimkommst und den Schaden bemerkst? Weil wir sofort riechen und spüren, wie die Laune unseres Menschen ist. Wenn mein Frauchen das Haus betritt und direkt einen Wutanfall bekommt, ducke ich mich lieber und mache mich unsichtbar. Ich bekomme Angst, weil ich mich noch genau daran erinnere, was beim letzten Mal passiert ist, als Sofia so schlechte Laune hatte. Sie hat mich angeschrien und Zeitungen und Kissen durch die Wohnung fliegen lassen. Einen Moment lang dachte ich, Sofia wolle ein neues Spiel spielen. Falsch gedacht. Ab und zu hat sie solche Aussetzer. Da verziehe ich mich doch lieber gleich und warte ab, bis es ihr besser geht. Ich habe sie trotzdem noch lieb. Keine Ahnung, was ihr da draußen passiert ist. Ich kann jedenfalls nichts dafür.

 Frauchen ergänzt:

Die Gefühlswelt unserer Hunde ist vergleichbar mit der eines zweieinhalbjährigen Kindes. Hunde wissen nicht, was Scham- und Schuldgefühle sind. Sie haben auch kein schlechtes Gewissen, wenn sie ein vollendetes Chaos angerichtet haben. Bleibt nur eins, auch wenn es schwerfällt: Tief durchatmen oder noch mal kurz vor die Tür gehen, damit sich der Zorn legen kann. Den „Bösewicht" jetzt mit Liebesentzug, Anbrüllen oder anderen Maßnahmen zu bestrafen ist sinnlos. Es ändert nichts daran, dass von Ihrer Lieblingspflanze nur noch die Wurzeln übrig sind und der Inhalt des Mülleimers in der Küche verstreut liegt. Ihr Hund sieht keinen Zusammenhang zwischen seinen „Taten" und Ihrem „merkwürdigen" Verhalten. Und Vorsicht: Nicht alle Hunde treten den Rückzug an und verkrümeln sich, wenn der Mensch unbeherrscht reagiert. Manche fühlen sich auch bedroht und reagieren mit Angriff.

Können Hunde lächeln?

Mrs Buddy: Oh ja, das Lächeln haben wir uns von den Menschen abgeschaut. Wölfe können das nämlich nicht. Denen fehlt ein entscheidender Gesichtsmuskel, mit dem wir Hunde die Oberlippe kurz sehr hochziehen können. Du musst genau hinsehen, es ist immer nur eine klitzekleine Momentaufnahme, die wir jedoch mehrfach hintereinander zeigen können. Wir machen das gern zur Begrüßung bekannter Menschen. Bei Wölkchen zuckt die Oberlippe kräftig, wenn er Nina sieht. Die zwei sind sehr eng verbunden. Manchmal habe ich den Verdacht, die können sogar ihre Gedanken gegenseitig lesen. Mensch, Frauchen, mach mich bloß nicht eifersüchtig!

Wie ist das mit Glücksgefühlen bei Vierbeinern?

Happy: Diese Frage stellst du genau dem Richtigen. Ich habe praktisch die Sonnenseite des Lebens gepachtet. Die Heiterkeit darf man nie aus den Augen verlieren. Ich krieg mich manchmal gar nicht richtig wieder ein, so schnell hintereinander kommen meine berühmten „Happyflashs". Das ist wie ein Griff ins körpereigene Dopaminkästchen. Wenn mein Kopf so richtig „zugedröhnt" ist, kann ich mich nur durch Herumkugeln, Wälzen und Alle-viere-nach-oben-Strecken selbst bändigen. Wahre Glücksräusche empfinde ich bei meiner Arbeit als Rettungshund. Während ich nach Verunfallten suche, peitscht mir tonnenweise Adrenalin durch den Körper. Wenn ich einen Menschen lebend aufgespürt habe, bedeutet das – für uns beide – eine Überdosis Glückshormone. Der Stress lässt nach, grenzenlose Freude und Erleichterung machen sich breit. Glücklich macht mich auch, wenn sich Maggie, die kleine Tochter des Hauses, mit Hingabe den Mäusen in unserem Stall widmet. Da geht mir das Herz auf.

Du kannst sicher sein, dass dein Hund glücklich und zufrieden ist, wenn er dich nach einem Abenteuertag zum Kontaktliegen auffordert. Mit ruhigem gleichmäßigem Atem entspannt er dann vertrauensvoll gemeinsam mit dir. Ich bin überzeugt, er will in dem Moment mit keinem Hund der Welt tauschen.

Wenn wir uns entspannt an euch kuscheln dürfen, ist das für viele von uns ein gelungener Tagesabschluss.

Foto: Shutterstock.com/Africa Studio

65

Gibt es Neidhammel unter Hunden?

Butkus: Wenn ich meine Freundin Mrs Buddy besuche, gibt es ein Ritual nach der Gassirunde, das wir beide total toll finden. Schnell habe ich durchschaut, dass die besten Leckerlis in Ninas Abrakadabra-Schrank in der Küche versteckt sind. Ein begehbares Zimmer – ein wahres Luxus-Eldorado –, aus dem Nina Schlemmereien zaubert. Das tut sie nach dem Gassigehen, allerdings nur, wenn wir uns beide ganz brav und entspannt vor den Schrank setzen und kurz warten. Nina gibt uns dann als Belohnung gleichzeitig ein Stück Hühnerbrust, selbst gebackene Hundekekse oder andere Köstlichkeiten. Die Snacks dürfen wir nicht in der Küche fressen. Sie ruft „Abrakadabra!" und wir laufen flink ins Wohnzimmer auf unsere Decken. Erst dort ist Happy Hour angesagt. Dabei ist es mir egal, was Mrs Buddy zu ihrer Decke trägt. Wenn ich gerade mal wieder auf Diät bin, begnüge ich mich gern mit einem Würfel Straußenfleisch. Neid kommt nicht auf, solange ich auch eine Belohnung kriege.

Mrs Buddy: Das stimmt schon, mir ist es auch völlig Wurst, was du bekommst. Hauptsache, wir werden beide belohnt und das möglichst gleichzeitig. Aber einmal hätte ich echt ausrasten können. Nina kam aus dem Abrakadabra-Schrank, ich konnte es gar nicht erwarten und flitzte los ins Wohnzimmer. Während du mit einem lecker Rinderohr zu deiner Decke gespurtet bist, ging ich leer aus. Wie unfair war das denn? Und das von der Gerechtigkeitsfanatikerin Nina, die sich, lange vor meiner Zeit, gegen die Gurkenkrümmungsverordnung aufgelehnt hat. Sie empfand es als höchst ungerecht, dass Gurken mit einer Krümmung von über 20 Millimeter auf 10 Zentimeter Länge im Supermarkt nicht neben geraden oder leicht gebogenen Gurken liegen durften. Kämpft für das Wohl der Gurke, aber mich lässt sie leer ausgehen. Wie fies.

Natürlich habe ich versucht, dein Rinderohr zu klauen. Ich hätte platzen können vor Neid. Dass du nicht mit mir geteilt hast, war nicht anders zu erwarten. Aber warum kriegst du was und ich nichts, obwohl das mein Haus ist?

Butkus: Weil du zu gierig warst und dich nicht hingesetzt hast. Ist doch klar.

Frauchen ergänzt:

In Versuchen der Kognitionsforscherin Dr. Friederike Range an der Universität in Wien wurde bestätigt, dass es für Hunde keine Rolle spielt, wenn sie für die gleiche Aktivität unterschiedliche Belohnungen erhalten. Diese können in Geruch, Qualität und Größe variieren. Ob der erste Hund Leberwurst bekommt und der zweite „nur" ein Stück Brot, ist irrelevant. Neid empfinden sie jedoch, wenn einer belohnt wird und der andere nicht. Dann wird der Letztere entweder aggressiv oder er streikt. Hunde reagieren also durchaus sensibel auf Ungerechtigkeiten und haben einen Sinn für Fairness.

Sind Hunde eifersüchtig?

Einstein: Wenn Frauen mein Herrchen Max besuchen, stört mich das normalerweise nicht. Solange sie auch mal mit mir spielen oder wir zusammen etwas unternehmen. Außerdem kamen die meisten Damen bisher nur ein, zwei Mal. Dann wollte Max lieber wieder mit mir allein sein. Für Eifersucht gab es keinen Grund. Bis eines Tages der rothaarige Lockenkopf Susan auftauchte. Es ging schon an der Tür los. Ich durfte sie nicht unter ihrem weißen Flatterkleid beschnüffeln. Geht ja gar nicht. Es kann doch nicht einfach jeder hier in unser Haus kommen, wenn ich nicht weiß, wie der drauf ist. Ich verfolgte sie. Wäre doch gelacht, wenn ich keine Schnüffelprobe bekäme. Susan stupste mich dauernd weg und fummelte an Max herum. Wenn ich zu ihm wollte, drückte sie ihn noch fester an sich ran. Da passte keine Stecknadel dazwischen. Ich schon gar nicht. Beide legten sich irgendwann aufs Sofa. Och nöö, nicht auch noch auf meine Decke. Ich sprang auf den Schoß von Rotschopf. Hysterisch schubste sie mich weg. Autsch. Und noch hysterischer rannte sie ins Bad und bekleckerte ihr Kleid mit viel Wasser. Als Dankeschön für ihre feindselige Art mir gegenüber schenkte Max ihr seinen Jogginganzug. Mich beschimpfte er und ich musste mich ins Schlafzimmer verziehen. Tür zu, das war's. Ich kochte über vor Eifersucht und Wut.

Lockenkopf kam immer häufiger zu uns. Ich konnte sie nicht riechen, diese unhöfliche Tante mit der verstellten Säuselstimme, ihrem bemalten Gesicht und dem affigen Weibergetue. Die war nicht echt, das habe ich gerochen. Was Max wohl an ihr fand? Er hatte nur noch Augen für sie. Ich war Luft und das stank mir gehörig. Aber ich dachte mir: Max, es ist mir egal, wie oft du mich wegstößt. Ich komme immer wieder zurück!

Anfangs versuchte ich noch, Max von Susan abzulenken. Ich forderte ihn zum Spielen auf, grunzte ihn an, sprang an ihm hoch, leckte ihm das Gesicht ab. Ich brachte ihm seine Schuhe, um ihn an meine Gassizeit zu erinnern. Mein Fressnapf rollte polternd durch die Küche. Die rote Locke wurde bekocht und ich vergessen. Ich änderte die Strategie, zog mich traurig zurück und knurrte Susan an, wenn sie zu nah an mein Körbchen kam. Susan wurde immer gemeiner. Meine Decke verschwand vom Sofa, wenn sie im Haus war. Aber der Gipfel war, dass ich nicht mehr in unser Schlafzimmer durfte und mein Bett nun auf dem Flur stand. Vor der Toilette. Wie romantisch und wertschätzend. Eines Nachts schlich die Lockenpracht wieder durchs Haus und riss mich aus dem Schlaf. Ich bin so erschrocken, dass ich nach ihrem Fuß schnappte. Ein kleiner Kratzer – ein Riesenalarm. Sie brüllte herum. Auch Max konnte sich selbst und Susan nicht mehr beruhigen. Sie verließ wütend das Haus und kam nie wieder. Max roch manchmal noch nach ihr, wenn er nach Hause kam. Aber die heimlichen Treffen ohne mich hörten bald auf. Ich habe es ja gleich gewusst, dass Rotschopf nicht die Richtige ist für meinen Max.

Haben Hunde einen Sinn für Telepathie?

Chantal: Mein Frauchen Ursel behauptet steif und fest, ich wüsste immer genau, wann sie nach Hause kommen wird. Schließlich sitze ich dann schon wartend am Fenster. In einer englischen Studie glaubte man beweisen zu können, dass Hunde bereits zur Haustür laufen, wenn Herrchen sich 30 Minuten zuvor auf den Heimweg mit der U-Bahn macht. Ich sag dir was: Auch wenn wir extrasensorisch durch die Welt spazieren und so manche sinnliche Meisterleistung vollbringen können – das ist keine Telepathie, sondern Zufall. Ich, die kleine mutige Chantal, die vor

Es gibt viele Gründe, warum Hunde aus dem Fenster schauen. Telepathische Fähigkeiten gehören nicht dazu.

keinem Fuchs zurückschreckt, leide zum Beispiel an Trennungsängsten und finde das Alleinsein langweilig bis unerträglich. Ich laufe aufgeregt in der Wohnung hin und her. Wenn es gar nicht mehr geht, knabbere ich die Wände an oder zerfleddere meine Stofftiere. Alle paar Minuten schaue ich zum Fenster hinaus in sehnsüchtiger Erwartung von Herrchen oder Frauchen. Ich belle nicht rum, ich jaule nicht, aber ich bin permanent in Bewegung und baue Stress ab. Manchmal zerfetze ich Kissen, die Schuhe von Frauchen werden auch gern genommen. Zur Ruhe komme ich jedenfalls nicht. Mein Herrchen Benjamin glaubt auch nicht an Telepathie. Er besorgte eine Kamera, die mich zwei Stunden lang filmte, während er mit Frauchen beim Shoppen war. Ursel hat nachgezählt: Ich bin 26-mal zum Fenster gelaufen. Manchmal waren es auch ein vorbeisausendes Moped, Spaziergänger oder Hunde, die meine Wachsamkeit erregten. Ich war alle vier bis fünf Minuten am Fenster, eigentlich ununterbrochen. Wie wahrscheinlich ist es da wohl, dass ich am Fenster bin, wenn Ursel und Benjamin nach Hause kommen?

Gibt es depressive Hunde?

Rocky: Ich möchte dir erzählen, was mir im Alter von über zehn Jahren passiert ist. Seit ich denken kann, habe ich bei meinem Frauchen Trudy gelebt. Wir beide standen uns sehr nah. Trudy war immer an meiner Seite und ich habe gut auf sie aufgepasst. Wir hatten jede Menge Spaß, machten tolle Ausflüge, fuhren zum Wanderurlaub, und sie hatte immer gute Laune und Humor im Gepäck. Frauchen war auch eine erstklassige Köchin. Es war ein Leben im Delikatessentempel. Ich war ihr König, sie meine Königin. Eines Tages fiel sie im Badezimmer einfach um und stand nicht mehr auf. Erst dachte ich, das sei ein neues Spiel. Aber all meine Bespaßungen halfen nichts. Ich leckte ihr Gesicht ab, ich stupste sie frech mit der Nase, kletterte über sie rüber. Keine Regung. Ich schlug Alarm, bellte und heulte, so laut ich konnte, bis die Nachbarn mich endlich hörten. Die Feuerwehr machte die Haustür kaputt. Ich zeigte den Männern den Weg ins Bad. Noch mehr Leute kamen, und dann ging alles sehr schnell. Sie legten Trudy auf ein Brett und trugen sie raus.

Auch wir Hunde können depressiv sein, zum Beispiel, wenn wir uns einsam fühlen.

Ich kam in ein Tierheim. Dort waren viele Hunde und andere Tiere. Die Menschen waren lieb zu mir, aber das Essen war kein Vergleich zu meinen gewohnten Gaumenkitzlereien. Vor allem wurde es nicht getrennt nach Fleisch, Gemüse und Getreide serviert, so wie meine Trudy das zu tun pflegte. Jedes Mal, wenn das Besuchertor sich öffnete, sprang ich am Zaun hoch und hoffte, dass Trudy mich abholen würde. Ich wartete Tag für Tag. Sie kam nicht. Meine Laune war im Keller. Ich hatte keine Lust mehr zu fressen. Die Spielchen der anderen Hunde im Freigelände langweilten mich.

Anfangs kamen Menschen, die mit mir Gassi gehen wollten. Ich stemmte mich gegen die Leine, wollte zurück ins Heim. Keinesfalls durfte ich verpassen, wenn Trudy kam, um mich nach Hause zu holen. Am liebsten verkroch ich mich in meiner Ecke. Die Nächte waren elend lang. Jeden Morgen hoffte ich, Frauchen zu sehen. Sie war doch immer pünktlich. Als ich dünner und dünner wurde, kam eine Tierärztin. Sie pikte mich ein paarmal und lockte mich mit Leberwursthäppchen. Die bekam ich nun zweimal am Tag. Die anderen Hunde nicht. Keine Ahnung, was da drin war, aber ich hatte langsam wieder Lust, mich zu bewegen, war nicht mehr so trübselig. Dann erschien für mich ein Licht am Ende des Tunnels. Die netteste Familie der Welt besuchte mich. Die beiden Kinder, Kikki und Rike, sahen sich zum Verwechseln ähnlich. Beide hatten nur Quatsch im Kopf. Ich ging mit der Familie durch den Wald. Sie versteckten Stöckchen, badeten mit mir im Bach, wir spielten Jäger und Gejagter und buddelten Löcher in den Sand am Ufer des Bachs. Das war ein herrlicher Tag und danach die erste Nacht seit Monaten, in der ich wieder zufrieden und entspannt einschlafen konnte. Meine Glückssträhne setzte sich fort. Familie Beierlein kam nun fast jeden Tag. Wenig später nahmen sie mich mit in ihr Haus und ich bekam meinen Schlafplatz vor den Zimmern der Zwillinge. Mein Job war es, nicht nur gut auf die Familie aufzupassen, sondern auch auf zwei freche Hasen und ein kleines Kätzchen. Ich denke noch oft an die aufregenden Erlebnisse mit meiner Trudy. Aber sie kommt nicht mehr zurück. Sie würde sich sicher freuen, mich bei meiner neuen Familie so glücklich zu sehen.

 Frauchen ergänzt:

Rocky verbrachte noch zwei wunderschöne Jahre bei den Beierleins. Besonders die beiden Mädchen hatten ihn in ihr Herz geschlossen und sich liebevoll um ihn gekümmert. Seine depressive Stimmung und die Trauer um Trudy verflüchtigten sich, auch weil Rocky anfangs von der Tierärztin Stimmungsaufheller bekam. Er wurde ein Teil seiner neuen Familie. Rocky verstarb kurz nach seinem 13. Geburtstag im Beisein der Beierleins. Depressionen bei Hunden können durch den Verlust einer nahestehenden Person oder eines Artgenossen entstehen. Aber auch Dauerstress, mangelhafte Haltungsbedingungen oder Erkrankungen lassen manche Hunde in dunkle Löcher stürzen. Aufmerksam sollten Sie spätestens dann werden, wenn das veränderte Verhalten länger als zwei Wochen anhält. Anzeichen für eine Depression kann sein, dass der Hund sein Komfortverhalten einstellt. Er räkelt und streckt sich nicht mehr, schläft unruhig, zeigt Desinteresse an Nahrung, Spielen und generell in der Interaktion mit anderen Hunden oder seinen Menschen. Er zieht sich zurück, wird apathisch und ihm fehlt es an Lebensfreude. Er braucht jetzt professionelle Hilfe.

Können Hunde weinen?

Wölkchen: Mir könnten schon manchmal die Tränen kommen, wenn ich sehe, dass andere Hunde oder meine Menschenfamilie leiden. Aber das Weinen ist eine Typisch-Mensch-Sache. Mein Frauchen hat manchmal Pipi in den Augen, wenn sie sich besonders über mich, Frieda oder ihr Pferd freut. Und wenn sie sich so richtig viel Sorgen macht, dann löst der Kummer ganze Wasserfälle aus. Unsere Hundeaugen sind durchaus in der Lage, Tränenflüssigkeit zu produzieren. Aber unser Körper arbeitet sehr prozessoptimiert, und deshalb verschwenden wir unsere Tränen nicht, um Gefühle auszudrücken. Emotionen kann man auch anders zeigen. Wenn ich völlig aus dem Häuschen bin, vibriert mein ganzer Körper. Ich wedle mit dem Schwanz, bis ich fast umfalle, und habe ein dickes Grinsen im Gesicht. Geht es mir nicht gut, wenn es überall zwickt und die Knochen immer schwerer werden, ziehe ich mich zurück und schlafe. Aber weinen kommt nicht in die Tüte.

Club der weisen Hunde:

Bei manchen Hunderassen, wie den Labradoren, kommt es vor, dass die Augenlider von Geburt an nach innen gerollt sind. Ein gutes Versteck für Bakterien und Nährboden für Bindehautentzündungen. Aber auch Allergien, Pollenflug und weit hervorstehende Augen bei kurznasigen Hunden können auf die Tränendrüsen drücken. Wölkchen hat wie immer recht. Wenn wir Fellschnauzen Tränen vergießen, sind das keine emotionsgeladenen Ergüsse. Es bedeutet, dass mit den Augen etwas nicht in Ordnung ist und der Tierarzt sich das gegebenenfalls anschauen sollte.

Wir gehen mit Augenwasser sparsam um. Wir brauchen die Tränen, um die Augen feucht zu halten. Wenn uns eine Mücke oder Sand in die Augen fliegen, dienen unsere Tränen als natürlicher Schutzmechanismus zum Ausspülen von dem, was da nichts zu suchen hat. Manchmal röten sich meine Augen auch beim Autofahren, wenn ich meine Schnauze zu lange neugierig aus dem Fenster stecke.

Wie steht's mit der Wahrheit? Können Hunde lügen?

Valina: Mein Frauchen Angie hatte eine Freundin, jetzt eine Ex-Freundin, die log, bis sich die Balken bogen. Käthe erzählte wilde Geschichten von Jobs, die sie ausübte, in Firmen, die es nicht gab. Sie frisierte ihren Lebenslauf, sie klaute Geld von ihrem Freund und behauptete sogar, sie sei Hundetrainerin. Schwer zu glauben, wenn man sah, wie sich ihr kleiner Mischling Sir Henry benahm. Er war zwar ein liebes Kerlchen, aber sicher nicht von einer guten Hundetrainerin erzogen. Ich habe schnell gemerkt, dass Käthe weder Ahnung von Hunden noch von der Wahrheit hatte. Ich höre nicht auf das Geplapper, ich lese die Körpersprache und weiß Bescheid. Und machen wir uns doch nichts vor: Wenn ich Käthe heißen würde, würde ich den Ball verdammt flach halten.

Die Antwort auf deine Frage ist: Nein, Hunde können nicht bewusst im menschlichen Sinne lügen. Denn der Körper lügt nicht. Er zeigt unbewusste Reaktionen, die wir nicht steuern können. Wenn Menschen absichtlich Märchen erzählen, kann ich das sehen und riechen. Sie verdrehen die Augen, bis man das Weiße sieht. Menschen meiden Blickkontakt, blinzeln häufig oder bekommen einen starren Blick. Käthe runzelte die Stirn, wurde rot im Gesicht und kratzte sich an den Armen. Sie lächelte „verzerrt" freundlich, obwohl es nicht zur Situation passte. Nein sagen, aber mit dem Kopf nicken? Bei euch signalisieren Häää-, Hmmm- und Ääääh-Laute Unsicherheit und zögerliches Verhalten. Die Stimmlage ändert sich und vieles mehr.

Wir Vierbeiner lügen nicht. Jedoch beherrschen viele unter uns alle Techniken der

Foto: Shutterstock.com/Seregraff

Wenn einer etwas klauen will, das uns gehört, gibt es eine klare Ansage, aber danach ist die Sache schnell wieder erledigt.

Manipulation. Ich weiß genau, wie lange ich Frauchen Angie mit meinen Kulleraugen bezirzen muss, bis sie mit mir Fußball spielt. Wir Hunde haben keine Moralvorstellungen. Wir manipulieren nicht mit bösen Hintergedanken, um euch zu schaden. Wir machen das aus Selbstzweck. Wir nehmen den Weg, der zum Erfolg führt. Sei dir einer Sache ganz sicher: Zuneigung können wir nicht vortäuschen. Wenn wir dir Liebe und Vertrauen schenken, dann kommt das aus tiefstem Herzen.

Sind Hunde nachtragend?

Simba: Ach, Quatsch. Das ist so ein sinnloses Menschengehabe. Mein Frauchen Sofia hat eine Freundin mit einem Elefantenhirn. Sie wirft Sofia heute noch Sachen vor, die vor 20 Jahren passiert sind. Und was hat sie davon? Schlechte Laune auf beiden Seiten und ändern kann man die Vergangenheit ohnehin nicht.

Damit vergeuden wir Hunde keine wertvolle Lebenszeit. Wir regeln Missverständnisse untereinander sofort. Für schlechtes Benehmen gibt's eins auf die Pfote. Natürlich ärgert es mich, wenn ein fremder Hund

meinen Ball auf der Wiese klaut. Ich laufe hinterher, mache eine klare Ansage. Die meisten Hunde verstehen das und lassen den Ball los. Wenn es ein freundlicher Hund ist, fordere ich ihn zum Spielen auf. So schnell ist das Dilemma vergessen. Schwamm drüber. Wir Hunde leben im Hier und Jetzt. Nachtragend und beleidigt sein bringt nichts. Verzeihen, Krönchen richten und weitermachen. So geht Hund!

Club der weisen Hunde:

Es gibt keine Löschung! Alles, was wir je erlebt haben, kann durch bestimmte Reize in Erinnerung gerufen werden. Wir vergessen nichts, aber unser Hundemotto ist: Carpe diem! – Nutze den Tag! Kleine Menschenkinder machen das genauso. Sie spielen ausgelassen, und von einer Sekunde auf die andere heulen und brüllen sie wie am Spieß. Ups, mit dem Kopf gegen das Stuhlbein gefallen. Mutti tröstet, Kind strahlt. Schmerz und Schreck vergessen. Weiter geht's.

Hunde leben im „Hier und Jetzt". Bedeutet das, sie können sich an nichts erinnern?

Rasmus: Nein, ganz und gar nicht. Wir speichern alles, jeden Geruch, jede Erfahrung, jeden magischen Moment. Tja, ich wette, mein Herrchen Guido glaubt, dass ich nur ein Kurzzeitgedächtnis habe, weil ich gleich nach dem Abendessen wieder vor meinem Napf stehe. Er denkt, ich hätte vergessen, dass ich gerade gefressen habe. Ich denke: War lecker. Kommt da vielleicht noch etwas nach?

Ich sage dir was: Unser Gehirn ist ganz ähnlich aufgebaut wie eures. Wir haben ein sehr gutes Gedächtnis. Klar, wie bei dir auch ist manchmal nicht alles sofort abrufbar. Aber es ist nicht weg! Wenn ich schlechte Erfahrungen mit einem Menschen gemacht habe, hat das meine Festplatte unwiderruflich aufgezeichnet. Ich erkenne den Menschen sofort wieder. Ob und wie ich dann reagiere, das ist eine andere Frage.

Im Hier und Jetzt zu leben beschreibt eine Fähigkeit, die in jedem Hund und Menschen steckt, aber leider bei vielen Menschen im Schlummermodus ist. Für uns gehört es zur Königsdisziplin. Wir Hunde genießen den Moment! Wenn ich ein Date mit einer Kangal-Hündin habe, bin ich zu 150 Prozent auf sie fokussiert und habe nur noch das Thema Fortpflanzung im Kopf. Beim Hüten meiner Schafe konzentriere ich mich auf das Abschirmen der Schäfchen vor Wölfen und Räubern. Kurzum, ich bin voll und ganz bei der Sache.

Bei meinen Menschen ist das nicht immer so. Mein Frauchen Caroline geht mit mir und den Collies spazieren und ärgert sich über einen Mitarbeiter, der vor drei Wochen vergessen hat, die Scheune zu schließen. Herrchen Guido macht sich Sorgen, ob das Geld noch fürs Futter reicht, weil der neue Zaun so sündhaft teuer war. Ja mei, das Geld ist nicht weg, es ist nur woanders.

Können Hunde sich schämen?

Luna: Psssst, nicht meinem Frauchen verraten. Wenn ich ein Schamgefühl hätte, würde ich nicht mehr vor die Haustür gehen. Rosie meint, nur weil ich ein kleiner Mops bin, würde ich schnell frieren. Sie zieht mir meinen lavendelfarbenen Wintermantel mit Karomuster in Frühlingsgrün und Nougatbraun an. Darunter trage ich ein fliederfarbenes Tüllkleidchen. Ich bin froh, dass wir Hunde eine Sehschwäche haben. Sie verziert mich mit Schleifchen, damit ich noch entzückender aussehe. Die Hundeleine und das Halsband mit Schmucksteinen machen ihr besonders viel Freude. Nun ja, solange ich meine kurzen Beinchen nicht in Röhrenjeans zwängen muss, ist alles gut. Und mal unter uns: Ich brauche keine Deko. Damit kann Frauchen ihre Enkelkinder erfreuen. Ich schäme mich aber auch nicht, wenn ich verkleidet bin.

Wir Hunde haben kein Schamgefühl, wir sind auch nicht eitel. Uns treibt es nicht die Schamröte ins Gesicht, wenn wir zur Begrüßung ganz selbstverständlich an den Analdrüsen anderer Hunde oder an den Genitalien von Menschen schnüffeln. Gut, manche

Manchmal bringt Musik uns Hunde zum Heulen.

Foto: Shutterstock.com/Igor Normann

Menschen tun das auch, aber die wenigsten würden es in aller Öffentlichkeit wagen.

Ein Herrchen fragte mal: „Aber mein Hund Prüdi schämt sich so sehr, dass er sein Geschäft nicht machen kann, wenn ich zuschaue. Stimmt etwas nicht mit meinem kleinen Gefährten?" Die Antwort lautet: Einen Haufen oder Pipi zu machen ist für uns das Normalste der Welt. Vielleicht spürt dein Hund, dass es dir nicht schnell genug geht, und gerät unter Stress. Muss er denn überhaupt? Ich meine, drückt's schon? Eventuell hat er heute schon „Groß" gemacht. Oder starrst du ihn dabei an und er sieht das als Bedrohung? Möglicherweise ist er auch zu abgelenkt und viel zu gespannt, was als Nächstes auf eurem Spaziergang geschieht. Alles denkbar, aber du kannst sicher sein, dass Prüdi sich nicht vor dir schämt, wenn's gerade mal nicht flutscht. Psssst, unter uns: Wer seinen Hund Prüdi tauft, straft ihn doch schon genug.

Sind Hunde musikalisch?

Hyggeli: Ja, zuverlässige Quellen bestätigen nicht nur, dass wir Hunde musikalische Vorlieben haben. Wir haben auch unterschiedliche Musikgeschmäcker, und nicht jeder Hund reagiert auf dieselbe Weise, wie die irische Tierverhaltensforscherin und Psychologin Deborah Wells in einer Studie an 50 Tierheimhunden feststellte. Bei Heavy-Metal-Bands wie Metallica gerieten Rottweiler in Ekstase und boxten mit den Pfoten in die Luft. Afghanen wurden zu Headbangern, schüttelten ihre Lockenpracht und heulten mit. Bei manchen Fellschnauzen sorgte Heavy Metal für größere Aufregung und mehr Gebell als alle anderen Musikrichtungen. Bei ruhigen Menschengesprächen sowie bei Popmusik von Robbie Williams und Britney Spears oder Reggae von Bob Marley zeigten die Hunde keine nennenswerten Veränderungen. Vivaldi und Beethoven hingegen beruhigten selbst aufgeregte Tierheimhunde. Sie bellten deutlich weniger, legten sich hin und blieben länger liegen. Solange die Lautstärke für unsere empfindlichen Hundeohren angenehm ist, wirkt klassische Musik also stressmildernd.

Du fragst dich jetzt, ob klassische Musik in die Top Ten der Hundecharts gehört?

Ja, auf alle Fälle. Peer und ich hören nach Feierabend auch am liebsten Klassik zum Relaxen. Klavier mag ich besonders, wie die meisten Hunde. Vielleicht liegt es an der Anzahl der Schläge pro Minute, die unserem eigenen Pulsschlag nahezu entspricht, dass wir so entspannt zuhören. Das glauben jedenfalls der Psychoakustiker Joshua Leeds und die kalifornische Tierärztin Susan Wagner. Gute Musik hebt die Stimmung und beschert Glücksgefühle.

Wir Hunde hören übrigens nicht nur Musik, sondern wir machen auch unsere eigene. Schon unsere Vorfahren waren immer mal wieder gut für eine Wolf-Jamsession. Das Chorheulen ruft zum Versammeln des Rudels auf. Es fördert das Gruppenzugehörigkeitsgefühl. Nina hat das einmal in einem Dingopark erlebt. Die Dingos stimmten nach und nach mit richtig guter Laune ein und veranstalteten eine Freudenfeier. Wir Haushunde leben ja nur noch selten im Rudel mit unseren Artverwandten. Wir heulen eher mal, wenn wir einsam sind, und rufen damit zur Hundesession auf. Für mich gilt

das nicht, ich habe ja meinen Mitbewohner Lupo. Wenn aber eine bayerische Blasmusikkapelle an unserem Haus vorbeizieht, ist es um uns geschehen: Wir „singen" mit. Insbesondere Klarinette oder Saxofon bringen uns zum Heulen.

Können Hunde träumen?

Lady: Klingelingeling, hier spricht die Zauberfee. Ich, die kleine Havaneserin, träume jede Menge Kurzgeschichten. Meistens von Herrchen Tobias und Frauchen Talia, mit denen ich zaubern und lustige Sachen machen darf. Ich liebe Kunststückchen. Ich kann mich auf Kommando totstellen, durch Reifen springen und eine Rolle rückwärts drehen. Frauchen hat mir Stepptanz beigebracht. Das macht so viel Spaß, dass ich nachts nicht damit aufhören kann. Talia sagt, sie könne genau erkennen, wenn in meinen Träumen der Bär in mir steppt. Sie kann das Weiße in meinen Augen sehen, rotierende Pupillen, und ich mache Geräusche, als ginge mir die Luft aus. Von was ich sonst noch träume, geht dich nichts an. Bäh.

Rasmus: Als Herdenschutzhund habe ich den ganzen Tag lang richtig viel Arbeit. Ich beschütze nicht nur meine Menschenfamilie, sondern auch über 100 Heidschnucken und Ziegen. Weil ich mit meiner

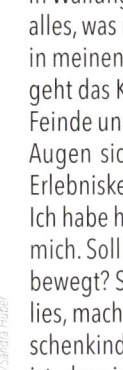

Nicht nur in ihren Träumen kann Lady durch einen Reifen springen.

Schulterhöhe von 80 Zentimetern und gut 70 Kilo Gewicht so ein imposantes Tier bin, denken viele, ich sei behäbig und langsam. Aber das täuscht. Wenn ich in Wallung gerate, verjage ich in Pfeilgeschwindigkeit alles, was nicht auf unseren Hof gehört. Das hängt mir in meinen Träumen nach. Kaum bin ich eingeschlafen, geht das Kopfkino los. Ich zucke mit den Beinen, jage Feinde und die Bilder laufen so schnell ab, dass meine Augen sich dabei drehen. Ich träume lange. Ganze Erlebnisketten spielen sich nachts in meinem Hirn ab. Ich habe halt einen wichtigen Job, und der beschäftigt mich. Soll ich dir verraten, was mich beim Tagträumen bewegt? Sunny und Tyson, unsere beiden Border Collies, machen Schafspaziergänge mit ganz vielen Menschenkindern in unserem Park. Mein größter Wunsch ist, dass ich auch dabei sein darf, um mit den fröhlichen Mädchen und Buben zu spielen. Guido erlaubt das nicht. Er sagt: „Träume weiter, Rasmus, du machst den Kleinen zu viel Angst." Das verstehe ich nicht.

 Frauchen ergänzt:

Hundegehirne zeigen während der Traumphase die gleichen Gehirnwellen wie die von träumenden Menschen. Hunde erinnern sich in ihren Träumen an Ereignisse, die sie tagsüber erlebt haben. Wenn der Hund mit gleichmäßigen Atemzügen tief und fest schläft, tritt nach 20 bis 30 Minuten die erste Traumphase ein. Sein Atem wird flacher und ungleichmäßig. Die Muskeln zucken, er gibt Laute von sich, vielleicht jagt er Hasen oder klaut eine Wurstsemmel. Manche Vierbeiner schlafen mit halb geöffneten Augen. Genau wie wir Menschen träumt nicht jeder Hund gleich viel und gleich stark. Forscher fanden jedoch heraus, dass kleine Hunde häufiger träumen als große Hunde, manche sogar alle zehn Minuten. Dafür sind die Träume der kleinen Hunde kürzer. Bei großen Hunden kann der Abstand zwischen zwei Träumen bis zu einer Stunde dauern.

Sind Fellschnauzen die wahren Hellseher?

Wölkchen: Hast du schon einmal einen Hund gesehen, der Karten legt oder in die Glaskugel schaut? Ich nicht. Ich kenne auch keine Knochen- und Eierorakel, bei denen aus dem Wurf eines Gegenstands die Antwort auf eine zukunftsbezogene Frage gelesen wird.

Sehen können wir die Zukunft sicher nicht. Du weißt ja, dass Sehen sowieso nicht unsere größte Stärke ist. Aber wir können erste Anzeichen für in der Zukunft liegende Ereignisse definitiv wahrnehmen. Unsere ausgeprägten Sinneswelten erlauben uns ein Lauschen bis in den Ultraschallbereich. Wir sind Schnüffelexperten und bemerken zudem selbst leichte Veränderungen des Luftdrucks. Es ist noch nicht ein Tröpfchen vom Himmel gefallen und ich wittere schon das Unwetter. Husky Simba kann in den Schweizer Bergen Lawinenabgänge schon lange vor Frauchen spüren, riechen, hören. Du erinnerst dich vielleicht an den schrecklichen Tsunami im Indischen Ozean. Mindestens 230.000 Menschen fielen den Fluten zum Opfer – aber kaum Tiere. Warum? Kurz bevor die Flutwelle weite Teile Südostasiens überschwemmte, spielten die Tiere verrückt. Schlangen krochen aus ihren Verstecken, Vögel sangen mitten in der Nacht, Hunde und Katzen jaulten oder flüchteten. Viele Tiere gerieten in Panik. Elefanten flohen auf Hügel ins Hinterland. Im größten Tierreservat Sri Lankas, dem Zuhause von zig Leoparden, Elefanten, Krokodilen, Wasserbüffeln und Affen, wurde nach der Katastrophe nicht ein einziges totes Tier gefunden. Unsere Sinne funktionieren fast wie ein Seismograph. Bei den geflüchteten Elefanten nimmt man an, dass sie die Schallwellen des Tsunamis hören konnten. Zudem haben die gewaltigen Tiere empfindliche Füße, mit deren Tastsensoren sie den Schall anhand von Vibrationen im Boden erfassen können.

Frauchen ergänzt:

Hunde sind zweifelsohne in der Lage, Krankheiten und Emotionen zu erschnüffeln. Sie sind auch sensibel genug, um bevorstehende Erdbeben, Lawinen und andere gewaltige Naturkatastrophen wahrzunehmen – durch veränderten Luftdruck, Schallwellen, Geräusche oder durch was auch immer ihre scharfen, feinen Sinne geweckt werden.

Foto: Shutterstock.com//Susan Schmitz

Tyrannen im Kopf: Stress, Angst und Aggression

Können Hunde Stress empfinden?

Mrs Buddy: Oh ja, wir Hunde empfinden Stress genauso wie ihr. Als mein Frauchen noch zu den Workaholics zählte und sich dauernd selbst überholte, hat sich das auch auf mich übertragen. Ich wurde genauso hibbelig und fand keine Ruhe. Das hat uns beiden nicht gutgetan. Heute ruhe ich meist in meiner Mitte und bin selten gestresst. Aber letztes Frühjahr hat mich etwas ordentlich aus der Bahn geworfen. Nina, zwei ihrer Freundinnen und ich machten eine Wanderung durch die bezaubernde Natur der oberbayerischen Osterseen. Herrlich, sage ich dir. Immer am Wasser entlang, jederzeit die Möglichkeit zum Abkühlen, rein und raus nach Lust und Laune. Es ist keine Sünde, im Frühling glücklich zu sein. Laladie-laladei. Doch plötzlich wurde mein Herumstöbern im Schilf zum Albtraum. Etwas biss mich kräftig in die Hinterpfote. Ich heulte auf und schrie um Hilfe. Dann hinkte ich an Land und legte mich hin. Die drei Mädels kamen sofort zu mir. Nina untersuchte meine Pfoten, konnte aber nichts sehen. Kein Glassplitter, kein Blut, keine Schwellung. Wir waren eine gute Stunde vom Auto entfernt. Mein Humpeln wurde immer schlimmer, Stress und Angst schossen durch meinen Körper. Es tat sooooo weh. Mir ging die Puste aus, mir war schwindelig, mein Herz pumpte sich fast zu Tode. Mensch, Frauchen, mach doch was! Als wir endlich am Auto waren und Nina mich in den Kofferraum hievte, war mein Fuß kugelrund. Zu Hause schwoll das ganze Bein bis zur Hüfte an. Ich habe das Leben durch meine Pfoten rinnen sehen. Allein aufstehen konnte ich nicht mehr. Mir war speiübel. Ich wollte mich noch übergeben, doch dann bin ich kollabiert und landete mal wieder in der Tierklinik.

Puh, das war knapp. Mein Herz rebellierte mit einem kleinen Infarkt. Ich wäre fast mitten in den Himmel reingeflogen in eine neue Zeit, in eine neue Welt. Aber meine Zeit war noch nicht gekommen. Ich habe den Biss der giftigen Kreuzotter überlebt.

Wie zeigt ein Hund, dass er gestresst ist?

Bruno: Ihr erinnert euch sicher noch, dass ich im zarten Alter von sechs Wochen meine Hundemutter verloren habe und ahnungs- und erfahrungslos in einen Käfig gesteckt wurde. Für mich war das die stressigste Zeit meines Lebens, wobei ich im Nachhinein gar nicht mehr unterscheiden kann, ob es mehr Angst oder mehr Stress war. Das Unglück war jedenfalls mein ständiger Begleiter. Erst die Mama und die Geschwister weg und nun einen Zwinger teilen mit fünf terrorverdächtigen Hunden, die mich stundenlang tyrannisierten. Auch kamen sie mit einem Sack voller Flöhe daher, die sie sicher heimlich eingeschleppt hatten. Wenn ich die Hunde blauäugig zum Spielen aufforderte, schnappten sie nach mir, zogen mich an meinem Schwanz durch den Käfig und warfen sich auf mich drauf. Diese Extremisten erfüllten

Club der weisen Hunde:

Gott sei Dank ist Mrs Buddy bei uns geblieben. Sonst gäbe es unseren Club nicht. Ein Schlangenbiss ist hundsgemein und kann sehr gefährlich werden. Oft kann man mit bloßem Auge die Bissstelle nicht sehen, gerade bei verdreckten und nassen Pfoten. Das Anschwellen kann bis zu 30 Minuten dauern. Und wer rechnet schon mit einem Schlangenbiss? Schmerzen und Krankheiten können bei uns Vierbeinern jedenfalls erhebliche Stress und Angst auslösen.

Club der weisen Hunde:

Am schlimmsten ist chronischer Stress. Dauerstress kann zur Entstehung oder zur Verschlechterung von Krankheiten des Herzens, des Magen-Darm-Trakts und zu Allergien führen. Die permanente Anspannung im Tierheim bescherte Bruno Schlafstörungen, massiven Gewichtsverlust und er entwickelte Neurosen. Stress wirkt sich auf unser gesamtes Immunsystem negativ aus. Wenn du da drinsteckst, ist es bitter. Im emotionalen Tunnel kann man nicht so einfach wenden.

Stress war früher – heute habe ich meine innere Mitte gefunden.

sich in meinem Zwinger ihre kranken Träume. Ich weiß gar nicht mehr, wie oft die mich gebissen haben.

Wir bekamen auch sehr wenig Futter. Eher so eine Buchstabensuppe: viel Wasser mit ein paar schwimmenden, nicht identifizierbaren Brocken drin. Selbst meine Buchstabensuppe klauten sie mir. Ich war nur noch ein zitterndes hungriges Elend, das hechelnd und unruhig im Käfig herumlief und sich ständig selbst anpinkelte. Ich bekam Haarausfall, schuppte am ganzen Körper und kam auch nachts nicht zur Ruhe. Es verstößt ja nicht gegen das Gesetz, ein Schwachkopf zu sein. Aber gleich fünf davon in meinem Käfig? Das machte mir tierisch Angst. Sich gegenseitig zu fressen und mit Kot zu bewerfen ist nicht zeitgemäß. Als wir noch auf der Straße lebten, war es auch manchmal ungemütlich. Aber Mama hat uns verteidigt und uns gezeigt, wie man selbst auf wackligen Welpenbeinen flüchten oder, besser noch, sich verstecken kann. Das ging im Käfig alles nicht.

Ist Stress vererbbar?

Amy: Wenn die Hundemutti im letzten Drittel ihrer Trächtigkeit von Stress und Angst geplagt ist, können sich Stressanfälligkeit, Sensibilität und Schreckhaftigkeit auf die Welpen übertragen. Und es gibt Rassen, die sehr reaktiv sind und Gestresstheit in den Genen haben, die sie vererben. Auch traumatische Erfahrungen des Vatertiers können sich ins Erbgut einschleichen und sich auf das Verhalten der Nachkömmlinge auswirken. Bei mir war das überhaupt nicht so. Ich war die ganze Zeit sehr entspannt, ausgeglichen, glücklich und gesund. Deswegen sind meine sieben Welpen auch solche Wonneproppen geworden. Bevor du dir einen niedlichen Welpen ins Haus holst, schaue dir nach Möglichkeit das Mutter- und Vatertier an.

Mrs Buddy: Die Hundemutti kann nicht nur ihre Stimmung auf die Welpen übertragen, sondern auch Würmer und Krankheiten. Im November sollte der kleine Eddie, ein lustiger, tollpatschiger Labradoodle, unsere Wohngemeinschaft bereichern. Ich hatte ihn schon mehrmals bei der Züchterin besucht. Wir konnten uns gut riechen. Ich habe dem kleinen Mann meine Decke geschenkt und ich bekam seine. So waren wir schon Vertraute, bevor er einzog. Aber dazu

Foto Archiv Sauer/Lichtblick Fotostudio

kam es nicht. Er und sein Bruder sind in der achten Lebenswoche bitterlich innerlich verblutet. Tod durch Organversagen. Die Tierärztin meinte, die beiden hätten einen krassen Mangel an Vitamin K von der Mutti geerbt. Mein Frauchen Nina war mächtig traurig. Es gelang mir nur schwer, sie zu bespaßen. Ich hatte keine Zeit zu trauern, denn ich musste ja das Manuskript für dieses Buch fertigschreiben. Aber ich denke oft an meinen kleinen Spielgefährten.

Warum schütteln sich Hunde?

Mrs Buddy: Meistens machen wir das, um uns sauber zu machen oder um uns nach einem großen Badespaß vom Wasser zu befreien. Unseren Menschen scheint das auch Freude zu bringen. Sie hüpfen aufgeregt, wenn wir uns so richtig durchschütteln. Aber es gibt noch einen anderen Grund für die Schüttelei.

Ich war gerade frisch operiert und mit Nina im Wald unterwegs, an der Leine, damit ich mich nicht noch mal irgendwo verletzen konnte. Plötzlich tauchte ein grimmig schauender Mann mit einem riesigen Hund etwa 20 Meter vor uns auf. Der Hund war genauso auf Krawall gebürstet wie sein Herrchen, das konnte ich sehen und riechen. Der Mann brüllte irgendwas, während seine Kampfmaschine frontal auf uns zugaloppierte. Ich, an der Leine, konnte nicht abhauen. Nina zog mich mit einem Ruck zu sich und baute sich vor mir auf. Soweit das ihre Größe zuließ. Und schon war es passiert. Der Hund biss sich in Frauchens Gummistiefeln fest, während sie versuchte, mich zu schützen. Das Tier wurde immer wilder. Nach einer gefühlten Ewigkeit pfiff Herrchen seinen Hund zurück. Ich hatte Todesangst und konnte nichts tun. Schockstarre an der Leine. Nina zitterte am ganzen Körper, ihr schlotterten die Beine, ich roch Blut. Ich schüttelte mich, bis der Stress langsam nachließ und ich mich einigermaßen

Foto: Shutterstock.com/Lorenzo0000

Wenn wir uns schütteln, wollen wir etwas loswerden. Oft ist es einfach nur Wasser, manchmal aber auch Stress.

beruhigt hatte. Schütteln, schütteln, schütteln – das hilft. Die ganze Fahrt zum Krankenhaus lag ich noch hechelnd im Kofferraum. Die Gummistiefel waren kaputt, aber der Arzt konnte Ninas Fuß flicken. Ach, Frauchen, das wird schon wieder.

Wie gehen Hunde mit Angst und Stress um?

Valina: Besonders in der Pubertät war ich oft mit den Nerven am Ende. Ich hatte vor jedem Mist Angst, traute mir nichts mehr zu, und am meisten ängstigte mich, dass mein Körper und mein Geist im heftigen Zwiespalt lagen. Obwohl ich verschärftes Interesse an der Rüdenwelt hatte, konnte ich meine Euphorie nicht zeigen. Schlimmer noch, ich kämpfte stattdessen um Geschlechtergleichstellung, hob das Bein beim Pinkeln und stakste durch die Gegend wie ein vierschultriger Hund. Mein fettnäpfchenfreier Tanz durchs Leben war urplötzlich beendet und wurde von Stress, Angst und Verwirrtheit abgelöst. Selbst mit Frauchens Aufmunterungsrufen konnte ich nichts mehr anfangen: „Schaaaatz, du kannst das! Schaaaatz, du schaffst das!"

Aber wozu dient Stress? Stress ist nichts anderes als ein Frühwarnsystem, das darauf abzielt, unsere Leistungsfähigkeit zu steigern, um unser Überleben zu sichern und Schaden zu vermeiden. Eigentlich eine gute Sache. Meist ist Stress eine Folge von Angst. Die Bedrohung kann real sein oder sich auch nur in unserem Kopf abspielen. Wie und wie stark wir reagieren, hängt auch von unseren Erfahrungen und unserem Gemütszustand ab. Im Großen und Ganzen haben wir Hunde folgende Möglichkeiten:

Kampf oder Flucht sind die häufigsten Reaktionen. Das Adrenalin setzt kometenhaft schnell jede Menge Zusatzpower frei. Im Park treffe ich häufig auf einen Jack Russell Terrier. Bei unserer ersten Begegnung stürmte er bellend auf mich zu, wollte mich angreifen oder verjagen. Die Sache war mit einem drohenden Knurren meinerseits schnell geklärt. Wenn er mich jetzt von Weitem sieht oder riecht, rennt er wie besessen davon. Sein Frauchen sagt, der kleine Racker habe Angst vor dunklen Hunden. Ich wiege zwar fast 35 Kilo und habe dunkles Fell, aber ich bin nicht auf Angriff gepolt. Das muss er wohl noch lernen.

Flirten/Spielen/Herumalbern sind charmante Lösungen, die ich als harmoniesüchtige Hündin am liebsten anwende. Ich versuche, aus einer schwierigen Situation herauszukommen, indem ich herumalbere und den anderen Hund zum Spielen auffordere. Ich sage dem Angreifer damit: „Ich bin keine Gefahr für dich. Komm, lass uns spielen." Gestresst bin ich trotzdem. Meine Bewegungen sind nicht von der gleichen Leichtigkeit wie bei einem Spiel ohne Gefahr.

Einfrieren/Schockstarre ist ein guter Plan B. Ich bleibe wie erstarrt stehen, friere praktisch ein. Stocksteif stehe ich da und mache mich unsichtbar. Wenn es ganz heikel wird, halte ich die Luft an. Vielleicht habe ich Glück und werde übersehen. Der Stand-by-Modus verschafft mir Zeit, die bedrohlichen Reize zu verarbeiten und möglicherweise eine andere Strategie zu entwickeln.

Für welche Strategie ich mich entscheide, hängt von der Situation ab, meinen Erfahrungswerten und ist Typsache. Ich bin eher die Schlichterin, die Mediatorin und gehe Ärger gern aus dem Weg. Mein Freund Butkus ist ganz anders. Der kleine Beagle schreckt vor nichts zurück. Erst kürzlich hat er wieder einen riesigen Husky verjagt.

Foto: Shutterstock.com/Jessica McGovern

Frauchen ergänzt:

Negativen Stress will keiner und doch sind wir ständig gestresst. Verlustangst, Existenzangst, Angst vor der Dunkelheit, vor Regenwürmern. Manchmal ist es begründete Furcht, oft spielt uns nur unser Gehirn einen Streich. Die Reaktionen unseres Körpers sind jedoch immer die gleichen. Hunde reagieren auf Stress und Angst genauso wie Menschen. Bei Hunden gibt es im Wesentlichen vier Strategien, wobei sich auch Mischformen daraus zeigen können. Im Englischen nennt man diese auch die vier F. Sie stehen für:

Flight .... Flucht ergreifen
Fight .... Kampfansage, Angriff
Flirt/**F**iddle about ... Flirten, beschwichtigen, albern sein, zum Spiel auffordern
Freeze .... Einfrieren, Schockstarre

Einige Wissenschaftler ergänzen Ohnmacht bzw. Sich-Totstellen als das fünfte F (Faint).

Wie lösen ratlose Hunde einen Konflikt?

Hyggeli: Grundsätzlich bin ich der Überzeugung, wenn man zu viel denkt, erschafft man Probleme, die es gar nicht gibt. Aber falls ich doch mal nicht weiterweiß, mache ich einfach irgendetwas Unsinniges, etwas, was gar nicht zu der Situation passt. Sagen wir, ich bin an der Leine, würde aber gern an dem Hund auf der anderen Wegseite schnuppern. Dann habe ich einen Konflikt, weil die Leine mich daran hindert, zu dem anderen Hund zu gehen. Ich kann an der Leine ziehen, aber das wird nicht zum Erfolg führen. Also fresse ich stattdessen Gras oder gähne herzhaft. Ich kenne Hunde, die verbeißen sich in der Leine, wenn sie bei Herrchen bleiben müssen, der Hase auf dem Feld aber durchaus seine Reize hat. Wenn Lupo mit anderen Hunden spielt, es ihm eigentlich zu viel wird, er aber andererseits weiterspielen will, dann setzt er sich auf den Boden und

beschnuppert wichtig seinen Hintern. Andere Hunde rollen sich auf dem Boden herum oder kratzen sich am Kopf, obwohl es gar nicht juckt. Das tun auch viele Menschen. So lösen wir Konflikte, wenn wir uns nicht entscheiden können. Wenn wir weder abhauen noch angreifen können, wenn Beschwichtigung nicht funktioniert, dann ziehen wir uns mit einer Notaktion, einer Übersprunghandlung, aus der Situation heraus. Und schon machen unsinnige Handlungen Sinn und ich muss nicht mehr nachdenken.

Lucy: Ich bin ein Scheidungshund. Bis es zur Trennung kam, war das Leben mit den beiden Streithähnen die Hölle für mich. Ewige Machtkämpfe, Anbrüllen, fliegende Gegenstände. Es herrschte Rosenkrieg zwischen Herrchen und Frauchen. Ich war immer die Gelackmeierte. Entweder diente ich als Therapeutin, die zugetextet und mit Tränen übergossen wurde, oder ich wurde angemotzt, weil die zwei ihre schlechte Laune auf mich projizierten. An geraden Tagen bei Frauchen im Zimmer schlafen, an ungeraden bei Herrchen. Dieses Hin-und-her-Gezerre stresste mich so sehr, dass ich mir manches Mal nicht mehr zu helfen wusste und Pfützen ins Haus machte. Lange hätte ich das nicht mehr geduldet. Gut, dass Frauchen Sandra

Foto: Shutterstock.com/Susan Schmitz

das Sorgerecht für mich ergattert hat. Ich bin nun Expertin für gescheiterte Beziehungen. Wenn du Redebedarf hast, ruf mich an.

Warum sind manche Hunde so nervös und ängstlich?

Simba: Sicherlich gibt es genetisch bedingte Unterschiede bei einzelnen Rassen, die den Grundstein für einen eher ängstlichen Hund oder eben einen ausgeglichenen Hund legen. Ein Neufundländer oder ein Husky wie ich werden naturgemäß entspannteres Verhalten zeigen als ein Border Collie, der sich oft schnell aus der Ruhe bringen lässt. Aber letztendlich gibt es auch große Unterschiede innerhalb einer Rasse, ja sogar unter Wurfgeschwistern, was das Ausmaß an Nervosität und Ängstlichkeit betrifft. Es kommt wesentlich darauf an, was wir in den ersten 16 Lebenswochen erfahren und gelernt haben – oder auch nicht. In keinem anderen Zeitraum in unserem Leben werden wir so stark und nachhaltig geprägt und lernen besonders leicht. Einmal gemachte Erfahrungen können nie wieder gelöscht werden. Da dies im positiven wie auch im negativen Sinne gilt, ist es immens wichtig, dass wir Hunde in dieser Phase mit verschiedenen, relevanten Umweltreizen gefahrlos und fröhlich vertraut gemacht werden: verschiedene Lebewesen, Gegenstände, Bodenbeläge, Geräusche und Gerüche. Für mich als Schweizer Berghund und Trainingspartner für mein sportliches Frauchen Sofia gehörten Skifahrer mit Helmen, eisige, glatte Untergründe, Schnee, Wald, Wasser, Ziegen, Schafe und Rinder genauso zum Alltag wie Gondeln, Walker mit Stöcken und Fahrräder. Situationen, die mir im Lauf meines Lebens immer wieder begegnen. Für einen Stadthund wie Luna ist es wichtiger, Rolltreppen und Fahrstühle, donnernde Lkws und Menschengedränge kennenzulernen. Wir Hunde zeigen uns zwar misstrauisch, ängstlich, scheu und skeptisch gegenüber neuen Begebenheiten, sind aber auch neugierig und auf spielerische Weise leicht zu motivieren.

Einstein erinnert mich gerade daran, dass es noch ein zweites Zeitfenster gibt, in dem wir zu Angsthasen werden. Das passiert meist zwischen dem fünften und achten Lebensmonat. Die Angst kann sich dann auch

auf einen bestimmten Typus Mensch oder Tier beziehen: Angst vor Kindern, blonden Männern, großen oder kleinen Hunden, Panik vor dunklen Autos und vieles mehr sind denkbar.

Frauchen ergänzt:

Klar im Nachteil sind Hunde, die wenig Erfahrungen im Welpenalter sammeln konnten. Dadurch wird ein Nährboden für spätere Probleme geschaffen. So wie bei Bruno, der in einem reizlosen Zwinger unter hundeunwürdigen Bedingungen aufgewachsen ist. Hunde, die unter ständiger Reizüberflutung leiden, sind allerdings auch nicht viel besser dran. Sie können diese Reize gar nicht mehr verarbeiten. Weniger ist manchmal mehr. Eine wohldosierte Sozialisation in den ersten Lebensmonaten ist die ideale Vorbeugung gegen das Entstehen von Ängsten und Phobien. Natürlich machen Hunde auch nach dieser Zeit Erfahrungen und entwickeln sich weiter. Zweifelsohne ist aber die Neigung zu ängstlichem Verhalten bei souveränen Hunden mit großem Erfahrungsschatz wesentlich geringer. Die meisten Hunde haben Angst vor lauten Geräuschen. Mrs Buddy hatte als Welpe und Junghund keine Angst vor Silvesterknallerei oder Gewittern. Bis sie einmal im Garten spielte und ein Kracher direkt neben ihr hochging. Panisch vor Schreck sprang sie in ein Gebüsch. Leider so ungeschickt, dass sie sich dabei die Schulter heftig prellte. Ab diesem Zeitpunkt war für sie klar: Knaller sind nicht nur laut, sondern auch gefährlich. Mrs Buddy leidet heute noch bei Feuerwerken und verzieht sich zitternd mit eingezogenem Schwanz in die ruhigste Ecke im Haus und noch lieber in die Duschkabine.

Woran erkenne ich, dass mein Hund Angst hat?

Lucy: Ich bin eine stattliche Dobermannfrau. Ich weiß schon, dass viele Menschen und Vierbeiner es mit der Angst zu tun bekommen, wenn ich über eine Wiese galoppiere oder sie mir im Dunkeln begegnen. Frauchen wollte abends noch kurz zu ihrem Schließfach in einer Bank, hatte aber ihre EC-Karte vergessen, die sie zum Öffnen der Schiebetür benötigt. Sie fragte freundlich einen Passanten, ob er ihr seine EC-Karte ausleihen könnte. Der Mann sah mich plötzlich hinter Frauchen aus dem Dunkeln hervortreten und schrie panisch: „Keine Karte, Sie können mein ganzes Bargeld haben, aber weg mit dem schwarzen Köter!"

Wir Dobermänner haben leider auch deshalb einen schlechten Ruf, weil wir früher häufig zu Kampfmaschinen abgerichtet wurden. Na ja, das ändert sich und die Leute fangen an zu sehen, dass wir sehr liebe Hunde sein können und nicht mit dem Gedanken aufwachen: „Heute will ich töten." Oh, abgeschweift. Zurück zu deiner Frage: Ich rieche es, wenn jemand Schiss vor mir hat. Dein Geruchssinn ist nicht so fein, aber du kannst es sehen. Wenn dein Hund versucht, sich quasi unsichtbar zu machen, seine Silhouette verkleinert, eine starre Körperhaltung einnimmt und seine Hinterbeine einknicken, dann will er bloß nicht auffallen. Ein Hund, der Blickkontakt vermeidet, die Ohren flach nach hinten legt und seine Rute eingeklemmt unterm Bauch

versteckt, sagt mit weit aufgerissenen Augen: „Jetzt bloß keine Genitalkontrolle!" So kann sich Angst äußern, solange der ängstliche Hund noch eine Chance sieht, dass seine Unterwerfung vom Gegenüber akzeptiert wird. Er will einen Kampf vermeiden. Wenn das nicht hilft, wird er irgendwann umschalten und sich für Flucht oder Angriff entscheiden.

Wie kann ich meinen Hund beruhigen, wenn er Angst hat?

Mrs Buddy: Das ist bei jedem Hund unterschiedlich. Bei mir hängt es auch davon ab, wie viel Angst ich habe, bei Gewitter zum Beispiel. Ich rieche das schon lange bevor mein Frauchen überhaupt merkt, dass draußen gleich das große Theater losgeht. Ja, wir Hunde sind so sensibel, wir spüren, dass sich der Luftdruck ändert. Da brauchen wir noch gar kein Donnern zu hören. Ich werde unruhig, fange an zu hecheln. Das

Foto: Shutterstock.com/Klavdya K.

Wenn wir aussehen, als wollten wir im Erdboden versinken, brauchen wir deine Unterstützung.

geht in Zittern über. Wenn es Frauchen dann noch immer nicht schnallt, grunze ich heftig. Ich sage ihr: „Mach das weg, ich will das nicht …" Früher hat sie mich gestreichelt, auf den Arm genommen und geknuddelt. Das hilft manchen Hunden. Ich finde das mittlerweile schrecklich in so einem Moment. Mir ist das zu eng, es verhindert eine mögliche Flucht. Maximal schaffe ich Kontaktliegen ohne Antatschen. Mir hilft es, wenn Frauchen in meiner Nähe ist. Aber den Bauch kraulen, was ich sonst liebe, das geht gar nicht. Ich mache mich doch nicht noch wehrloser, indem ich auf dem Rücken liege. Wenn ich kurz vor der totalen Angstekstase stehe, kann ich selbst meinen geliebten Ochsenziemer nicht mehr knabbern. Die vermeintliche Hundetrainerin Käthe hat Nina geraten, sie solle so tun, als ob ich Luft wäre. Das fand ich hundsgemein, denn ich zittere ja nicht aus Spaß oder um sie zu ärgern. Ich kämpfe ums Überleben. Ein übermächtiges Gefühl poppt hoch, brodelt in mir. Mensch, Frauchen, da musst du mich doch beschützen und mich nicht auch noch zusätzlich mit Ignoranz bestrafen. Wir haben alles Mögliche ausprobiert. Für mich ist Flucht die beste Option. Ab in die Höhle. Verstecken, bis es vorbei ist. Am liebsten in der Menschendusche. Normalerweise sind die Badezimmer rote Zone für mich. Aber wir haben uns geeinigt. Wenn es mir nicht gut geht, darf ich mich im Bad aussitzen. Ach, Frauchen, setze dich doch bitte zu mir in die Dusche und erzähle mir eine Geschichte!

 Frauchen ergänzt:

Ich höre oft, man solle den ängstlichen Hund ignorieren. Streicheln würde der Hund als Bestätigung empfinden und das Verhalten deshalb noch stärker zeigen. Hier muss man jedoch unterscheiden zwischen Verhalten und Gefühlen.
Angst und Furcht sind unangenehme Gefühle. Gerechtfertigt, angemessen oder nicht. Es spielt keine Rolle. Der Hund kann seine Angstreaktion nicht beeinflussen. Durch Ignorieren, Abwenden, Schimpfen und Bestrafen fügen wir noch weitere schlechte Emotionen hinzu und bieten dem Hund nicht die Sicherheit, die er jetzt von uns erwartet. Anders ist es bei unerwünschtem Verhalten. Bei schlechten Manieren kann Ignorieren helfen.

Also, was tun, wenn die sonst so tapfere Fellschnauze Angst oder Furcht zeigt? Alles, was Ihrem Hund spürbar guttut, ist hilfreich. Streicheleinheiten, Körperkontakt, Futter, zusammen spielen, einen Rückzugsort anbieten. Von Bedeutung dabei ist, dass Ihr Hund die von Ihnen als Trost gedachte Zuwendung nicht als bedrohlich, ungewöhnlich oder beängstigend empfindet, sondern als entlastend, wohltuend und beruhigend. Es ist neurobiologisch nicht möglich, Angst zu verstärken, indem man dem Hund etwas Gutes tut.
Für Hunde, die besonders heftig leiden, gibt es medizinische Hilfe. Ein erfahrener Verhaltenstierarzt wird Medikamente verschreiben, die nicht einzig und allein den Körper des Hundes lahmlegen. Wenn der Geist sich nicht beruhigt, macht es das für den Hund noch unerträglicher. Die Angst und der Stressor bleiben, aber der Hund verliert die Kontrolle über seinen Körper. Er kann sich weder wehren noch flüchten.

Kann ein Hund eine Spinnenphobie entwickeln?

Einstein: Also ich kenne keinen Hund, der eine Spinnenphobie hat, aber möglich ist alles. Wir unterscheiden uns nicht von Menschen in dieser Hinsicht. Eine Phobie ist die Angst vor der Angst, wobei der Angstauslöser unbegründet ist. Also eigentlich alles nur Theater im Kopf, die Alarmglocken läuten heftig, das Panikorchester spielt in den wildesten Tönen. Wenn du es nicht weitersagst, erzähle ich dir, was mich zum Neurotiker aufsteigen ließ.
Als ich etwa fünf Monate alt war und wir einen Jahrhundertsommer hatten, wollte ich bei schönem Wetter nicht mehr vor die Tür. Je blauer der Himmel war, desto mehr legte ich den Rückwärtsgang ein und verkroch mich im Haus oder zwischen Herrchens Beinen. Die Rute eingeklemmt, bis sie fast wieder vorn am Kopf rauskam. Zittern, Hecheln, überdimensionale Pupillen – Todesangst stand mir ins Gesicht geschrieben. Ich hoffte auf Regen oder dicke Wolken. Kann mal bitte jemand den blauen Himmel wegmachen? Max verstand die Welt nicht mehr. Eine Tierpsychologin kam ins Haus, die meine „Blauer-Himmel-Phobie" lösen sollte. Erstaunt stellte sie nach vielen Trainingseinheiten fest, dass mir der blaue Himmel nichts ausmachte, wenn wir nur weit

Club der weisen Hunde:

Es gibt Hunde, die haben Angst vor glänzenden Böden, vor Schattenspielen, vor ihrem eigenen Spiegelbild, sogar vor Schmetterlingen. Am häufigsten haben wir Fellschnauzen jedoch Angst vor Geräuschen. Das hängt damit zusammen, dass wir extrem empfindliche Ohren haben, die Frequenzen bis in den Ultraschallbereich hören. Das macht es für unsere Menschen so schwierig, manche Ängste nachzuvollziehen. Sie hören ja nicht, was wir hören.

genug wegfuhren. Dann, an einem besonders schönen Sommertag, begriff Max es endlich. Beim Hinausgehen sprang ich winselnd an ihm hoch. Er folgte meinem Blick nach oben und sah den Heißluftballon. Das war's – das laute Zischen des Ballons! Es ging nicht um den wolkenlosen Himmel, sondern um den Schrecken, den mir das unbekannte laute Ding einjagte. Wenn ich beim Öffnen der Haustür den blauen Himmel sah, reichte das schon, um bei mir die Angst auszulösen, dass der schrecklich zischende Heißluftballon wieder auftauchen könnte. Ich hatte Angst vor der Angst, die mir der eigentliche Angstauslöser machte.

Warum vertragen manche Hunde das Autofahren nicht?

Mrs Buddy: Oje, davon kann ich ein Lied singen. Schon die erste Fahrt vom Züchter in mein neues Zuhause bei Nina war fürchterlich. Ich saß mutterseelenallein hinten im Kofferraum des schwarzen Jeeps „Suzi", ohne meine Geschwister. Von diesem Tag an sträubte ich mich bei jedem Einsteigen, strampelte, zeigte deutlich meinen Widerwillen. Mir wurde schlecht von dem Geschaukel im Auto und den schnell vorbeirauschenden Bildern. Und dieses ewige Pfeifen und der kreischende Motor. Ich kotzte oder pieselte so ziemlich auf jeder Fahrt und machte das Auto geruchstechnisch unverkäuflich. Meine Angst vor Suzi steigerte sich. Wenn ich

schon sah, dass Nina den Autoschlüssel einpackte, lief ich rückwärts oder versteckte mich. Ich winselte und hechelte, Frauchen setzte sich durch und war genervt. Ach, Frauchen, warum tust du mir das an? Keiner ihrer Beruhigungsversuche half. Sie machte mir meine Höhle im Auto gemütlich mit vielen Decken und Kissen – das Erbrochene lag obenauf. Die Wirkung von Leckerlis und Spielsachen verpuffte. Zu große Anspannung. Frauchen setzte sich zu mir in den Kofferraum und las mir mit Engelsgeduld Geschichten vor. Schon besser, solange das Monster nicht fuhr und Frauchen bei mir war. Doch früher oder später ließ sie mich im Kofferraum allein, setzte sich nach vorn, und schon gingen das Geschaukel und die fiesen Geräusche wieder los. Neu war, dass Nina nun lauthals Lieder trällerte – noch ein Albtraum für die Ohren. Frauchen sang dreistimmig: laut, grottenschlecht und mit Begeisterung.

Wenn dein Hund dir nicht von der Seite weichen will, hat er vielleicht Angst.

Wir kamen nicht weiter, professionelle Hilfe musste her. Das ging allerdings mächtig schief. Denn die Hundetrainerin war ein zusätzlicher Panikverstärker. Sie packte mich, schubste mich grob ins Auto, knallte die Heckklappe mit aller Wucht zu und sagte dazu nur: „Na geht doch! Erledigt." Ich, wieder im dunklen Loch eingesperrt, war im Kriegsmodus mit der schwarzen Suzi und hatte mehr Angst als je zuvor.

 ### Frauchen ergänzt:

Mrs Buddy war bis zu unserer ersten Autofahrt noch nie allein auf sich gestellt und kannte auch keine Hundebox. Ich hatte nicht damit gerechnet, dass bereits eine so kurze fünfminütige Fahrt Trennungsstress auslösen könnte. Das von Mrs Buddy beschriebene Pfeifen kam von den Seitenfenstern und dem geöffneten Schiebedach. Rotierende Maschinen, wie der Motor, sind für das feine Hundegehör schwer erträglich. Das laute Zuhauen der Autotüren kann Vierbeiner in Angst und Schrecken versetzen. Der noch nicht fertig entwickelte Gleichgewichtssinn bei jungen Hunden begünstigt Übelkeit. Bei Mrs Buddy kam alles zusammen. Weder mein Gesang noch Leckerlis oder Spielsachen wirkten euphorisierend. Einmal mischte ich Rescue-Tropfen in ihr Futter. Auf dem Weg zum Auto legte sie sich auf die Treppe, schlief ein und schnarchte.
Mrs Buddy hatte ihre Ängste explizit mit meinem Suzuki verknüpft. In anderen Autos gab es kaum Probleme. Deswegen tauschte ich mein Auto für ein paar Wochen mit einem Freund und fing erst danach mit „Gewöhnungstraining" noch mal von vorn an. In kleinen Schritten das Auto von außen und innen inspizieren, zunächst ohne laufenden Motor. Parallel übten wir das Alleinbleiben.

Weshalb kleben Welpen ständig am Bein ihres Besitzers?

Amy: Das machen nicht nur die meisten Welpen, sondern auch erwachsene Hunde. Viele Menschen denken, dass ihr Hund sie so sehr liebt und sie deswegen auf Schritt und Tritt verfolgt. „Er will halt jede Minute bei mir sein." Ich sage dir aus eigener Erfahrung: Das ist ziemlich sicher nicht der Grund. Obwohl ich bei Raquel und Rudolph zusammen mit meiner lieben Schwester Bacci eingezogen bin und nie ganz allein war, hatte ich im Welpenalter eine gehörige Portion Trennungsstress. Mir fehlte das Vertrauen in Herrchen und Frauchen. Der Abschied von meiner Hundemutter und den anderen Geschwistern war schon schlimm genug. Das wollte ich nicht noch einmal erleben. Das Alleinsein musste ich also erst noch lernen. Ich brauchte mehrere Beweise, dass ich mich auf Herrchen und Frauchen verlassen kann. Bis dahin war ich wie doppelseitiges Klebeband.

Wenn dein Hund, auch wenn er schon erwachsen ist, plötzlich an deinen Beinen klebt, gehe davon aus, dass er ängstlich und unsicher ist. Entweder ist eure Beziehung gerade etwas aus den Fugen geraten oder dein Hund spürt eine externe Bedrohung, die für ihn besorgniserregend ist. Er sucht Schutz und Geborgenheit.

Werden Hunde aggressiv geboren?

Lady: Oh nein. Wir kommen nicht mit der Bomberjacke auf die Welt und planen eine Revolte. Aggression ist keine Charaktereigenschaft, sondern ein wichtiges Kommunikationsmittel. Wenn wir aggressiv werden, dient dies meist der Verteidigung. Letztendlich zum Zweck des Überlebens. Oder wir zeigen aggressives Verhalten, um etwas einzufordern und für uns zu beanspruchen. Manchmal streiten sich auch zwei Rüden darum, wer von den beiden sich mir nähern darf, wenn ich läufig bin.

Und klar, bei jedem Hund äußert sich das anders oder in unterschiedlicher Intensität. Da spielt wieder einmal eine große Rolle, welche Lernerfahrungen wir gemacht haben, wie die Bindung und Beziehung zu Menschen und Tieren ist, unser Alter, unsere Fitness und für welchen Zweck wir gezüchtet wurden. Wenn ich auf dem Aggropfad bin, reagiere ich eher defensiv mit Abwehr oder Flucht. Ich bin wie Mrs Buddy sehr harmoniebedürftig und gehe Streit aus dem Weg. Rasmus hingegen, der seinen Job als Herdenschutzhund besonders ernst nimmt, würde seine Schafe offensiv und in aller Deutlichkeit beschützen und notfalls den Eindringling angreifen. Aggression ist immer die Antwort auf eine

Situation. Es handelt sich um eine Strategie, eine unangenehme oder gar bedrohliche Situation zu lösen.

Wir lernen schon als Welpe die Beißhemmung. Ein normaler, gut sozialisierter Hund wird niemals „einfach so" zubeißen. Außer sein Vorwarnsystem wird ignoriert.

Ha, erwischt. Du denkst gerade, mich kleine Havaneserin würde sowieso kein großer Hund ernst nehmen. Ich hätte keine Chance. Falsch. Unterschätze mich ruhig, das wird lustig. Ich sage deutlich meine Meinung. Ich stelle die Haare auf und bin dadurch schon mal gefühlt zwei Meter größer. Ich knurre im tiefsten Basston mit abgesenkten Ohren. Reicht das noch nicht aus, rolle ich meinen Nasenrücken auf, fletsche die Zähne, und wenn das alles nicht hilft, schnappe ich zu – oder mache mich blitzartig aus dem Staub.

Viele Menschen nehmen kleine Hunde und Welpen nicht für voll. Sie erkennen aggressives Verhalten nicht. Ein Welpe, der sein Plüschtier knurrend verteidigt und auch mal zuschnappt, wenn man ihm seinen Futterbeutel wegnimmt, ist ja sooooooo süß. Warte mal ab. Macht der Welpe das als erwachsener Hund, wird es schmerzhaft.

Foto: Shutterstock.com/Viorel Sima

Fehlzündungen

im Gehirn, hündische Denkweisen und Kommunikation

Mrs Buddy: Jetzt erfährst du noch mehr darüber, wie wir Hunde ticken: wie wir kommunizieren, warum sich unsere Gehirnwellen verknoten und auf welche Weise wir lernen wollen. Wenn du das alles weißt, kannst du dir vielleicht so manchen Hundetrainer oder Tierpsychologen sparen. Och Frauchen, entschuldige. Jetzt habe ich dich gerade arbeitslos gemacht.

Frauchen sagt immer: „Die ultimative Trainings- und Lernmethode, die jeder Hund sofort versteht und gleich schnell umsetzt, gibt es nicht. Jeder Hund ist anders, hat unterschiedliche Erfahrungen und Neigungen." Wir waren in zig Hundeschulen, und so manches Mal kamen wir verwirrter nach Hause, als wir hingegangen sind. Einer der Trainer wollte mir eine neue Gangart beibringen. Zwei Meter gehen – abrupter Stopp – Kehrtwende – noch mal Stopp, alles ohne Ankündigung. Der hat mich fast erwürgt. Bei der nächsten Trainerin geriet meine Welt ins Wanken. Wenn ich zur Begrüßung freundlich an ihr hochsprang, rammte sie mir ihr Knie unters Kinn. Armer Kehlkopf. Dafür gab es ein Leckerchen. Hm? Wenn ich mich treten lasse, werde ich belohnt? Das kannte ich noch nicht.

Doch alles wurde gut, als wir zum Hundeprofi Christoph in Österreich gingen. Der verfolgte einen anderen Ansatz. Er ließ mich in Ruhe. Keine schmerzhaften blöden Spielchen mehr. Wir gingen wandern und ich durfte in jedem Bach mit seinen Hunden spielen. Frauchen war stattdessen gefordert. Es wurde gelacht, es flossen Tränen, sie war traurig, aufgewühlt, nachdenklich. Kurzum, Nina durchlief ein Wechselbad der Gefühle, während ich so richtig aufblühte. Heute weiß ich, dass Christoph meinem Frauchen einige Lektionen in Sachen Hundesprache, Kommunikation und über das Wesen eines Hundes erteilt hat. Und darüber, was das Verhalten meines Frauchens mit meinem Gemütszustand und mit Lernerfolgen zu tun hat. Meine Freunde vom Club der weisen Hunde und ich möchten dieses Wissen und noch viel mehr mit dir teilen.

Hündische Kommunikation

Warum bellen Hunde?

Luna: Da muss ich ein bisschen ausholen: Vor Jahrtausenden haben wir uns den Siedlungen der Menschen genähert, weil dort Essensreste herumlagen. Feine Sache – Beute ohne zu jagen! Aber wehe, andere wollten uns unsere Mahlzeiten streitig machen. Wir zeigten solchen Feinden, wie gefährlich wir sind, und vertrieben sie mit Drohgebärden und Bellen. Den Menschen gefiel, dass wir ihnen Schutz vor gefährlichen Tieren, vor Einbrechern oder feindlich gesinnten Fremden boten. Irgendwann durften wir sogar in ihren Häusern leben, sozusagen als lebendige Türglocken, um Besuch anzukündigen, und als Alarmanlagen auf vier Pfoten. Nur ein Hund, der kräftig anschlug, war ein guter Hund. Vierbeiner, die nicht bellten, waren nutzlos und wurden rausgeworfen. Heute ist das anders: Vor allem hundelose Nachbarn, aber auch die Hundebesitzer selbst sind oft genervt von der Kläfferei. „Halt die Schnauze!", schimpfen sie dann. Das verstehen wir nicht. Wir denken, sie bellen mit, und das Duett beginnt. Wie unsere Vorfahren wollen wir auch heute meist nur auf eine mögliche drohende Gefahr hinweisen. Wenn ich belle, soll Frauchen nachschauen, was los

Foto: Shutterstock.com/Olga Kuzyk

Unsere Wachhundqualitäten sind bei euch Menschen heute weniger gefragt.

ist, und mich dann loben, dass ich es zuerst bemerkt habe. Pssst … nicht verraten: Ich kläffe ab und an auch, wenn keine Gefahr droht, um Aufmerksamkeit von Frauchen zu bekommen.

Butkus: Genau so ist es. „Schau mal, da ist jemand auf unserem Grundstück." Das sind zwei, drei kurze Belltöne mit Pausen dazwischen. Bellen ist für uns eine wichtige Kommunikationsform, eine Universalsprache, die jeder Hund versteht. Wenn du genau hinhörst, erkennst du deutliche Unterschiede bei Tonlage, Dauer und Häufigkeit. Warum bellen manche Hunde so viel? Aus Nervosität, Aufregung, Freude, Einsamkeit, Angst, Frust, aber auch zur Verteidigung, als Spielaufforderung, bei Schmerzen, Unwohlsein und um Aufmerksamkeit einzufordern. Wenn ich in einem tiefen Basston belle oder knurre, bin ich grantig, aggressiv, verkneife mir gerade so eben noch ein Zuschnappen, aber warne zum letzten Mal: „Hau jetzt besser ab, sonst laufe ich Amok." In hohen Tonlagen sage ich dir genau das Gegenteil. Ich will deine Aufmerksamkeit, habe Lust zu spielen oder will kuscheln.

Auch die Frequenz des Bellens ist von Bedeutung. Häufiges, kurz aufeinanderfolgendes Bellen in niedriger Tonlage deutet auf Aufregung und Dringlichkeit hin. Ein Hund, der so bellt, verkündet eine bedrohliche Situation. Wenn wir beim Bellen ins Stottern geraten, sind wir zum Spielen aufgelegt. Ganz anders klingt es, wenn wir einsam sind und unter Trennungsstress leiden. Zwischen den langen Bellketten sind dann zwar Pausen, aber nur aus Erschöpfung. Dauerbellen ist nicht nur lästig für die Nachbarn, es stresst uns genauso.

Club der weisen Hunde:

Das Bellen in all seinen Variationen haben wir nicht von den Wölfen geerbt. Die bellen so gut wie nie. Wenn dein Hund Alarm schlägt, beruhigt er sich am schnellsten, wenn du sein Bellen ernst nimmst, ihn kurz bestätigst und nachschaust, was er dir zeigen will. Ein freundliches Lob – gut gemacht – wird mit der Zeit reichen. Du kannst ihn auch nach der Bestätigung ablenken. Dann vergisst er die „Bedrohung" schnell.

Hunde, die bellen, beißen nicht. Stimmt das?

Chantal: Im Prinzip schon. Beides gleichzeitig geht nicht: Solange wir bellen, können wir nicht beißen. Aber ein tiefes Bellen ist eine eindeutige Warnung. Die Ernsthaftigkeit dieser Drohung wird oft durch Knurren, Zähnefletschen, eine wie versteinerte Haltung und Anstarren untermauert. Wenn du das nicht erkennst, kann es flugs gehen und wir beißen zu.

Sonntags kommt meist die liebe Oma zu Besuch. Ich liege brav bei ihr in der Küche, während sie Kuchen backt oder Leckereien für die Familie kocht. Ich mag nicht nur die Oma, sondern auch die tollen Düfte und die Naschereien, die sie mir schenkt. Einmal war sie besonders großzügig und stellte den feinsten Käsekuchen der Welt direkt neben meinem Napf auf einem Küchenstuhl ab. Ging ja nicht anders. Mein Napf wäre zu klein gewesen. Der Kuchen war noch sehr warm, aber ich freute mich dennoch wie ein Schneekönig. Oma kochte fleißig am Herd, während ich alles gab, um auch noch den letzten Brösel Kuchen aufzuschlecken. Bums. Kuchenform auf dem Steinboden. Oma drehte sich erschrocken um, schaute auf mein verschmiertes Maul, bekam einen hochroten Kopf, nahm den Kochlöffel, brüllte und schlug auf mich ein. Oje, nichts wie weg! Die Küchentür war zu. Mist. Oma wurde immer wilder, ich kriegte es mit der Angst zu tun und verkroch mich in die letzte Ecke unterm Fenster. Oma stellte sich hysterisch vor mich, drückte mich gegen die Wand und hämmerte weiter mit dem Kochlöffel auf mich ein. Weder mit Bellen noch mit Knurren konnte ich sie bremsen. Fliehen konnte ich auch nicht, also blieb der Angriff. Das war das erste und das letzte Mal, dass ich Oma gebissen habe: erst in die Kochlöffelhand, dann in die Wade. Ich kann dir sagen, ich habe mir einen Mega-Anschiss eingehandelt, als Herrchen und Frauchen die blutende, schockierte Oma sahen. Anschließend landeten Frauchen und ich bei einer Tierpsychologin, die erklärte, dass selbst die sonst friedfertigsten Hunde zubeißen, wenn sie sich zu sehr bedrängt fühlen und ihre Warnungen ignoriert werden. Ein bisschen schade fand ich, dass die schönen Zeiten mit Oma sonntags in der Küche von da an vorbei waren.

Wie lernen Hunde die Beißhemmung?

Wölkchen: Wir kommen nicht nur taub und blind zur Welt, wir werden auch zahnlos geboren. Aber es dauert nicht lange, bis sich nach und nach 28 kleine weiße Helfer zusammentun, emporsprießen und ein schönes Milchgebiss bilden. Ab der dritten Lebenswoche geht es los und nach etwa drei Wochen haben sich alle Kollegen durchgewühlt. Das ist ungewohnt, für manche Hunde unangenehm bis schmerzhaft. Zunächst wissen wir nicht, was wir mit den Dingern anfangen sollen. Wir knabbern alles an und schnappen auch mal. Zubeißen kommt aber weder an Muttis Milchbar gut an noch bei den Geschwistern. Wenn ich beim Spielen mal zu fest gezwickt habe, heulten und jaulten meine Geschwister und bissen zurück. Das war doof. Irgendwann habe ich kapiert, dass ich nur wieder mitspielen darf, wenn ich vorsichtiger bin und nicht zu fest zwicke. Mutti war besonders rigoros. Sie schubste mich weg und wies mich knurrend zurecht. Der Züchter schrie laut „Aua!". Scheinbar sind die Dinger im Maul doch ganz schön spitz. Mein Frauchen Christiana hat anfangs auch ordentlich gejault, wenn ich in ihre Hand oder in ihre Zehen gebissen habe. Wir haben uns dann auf ein Tauschgeschäft geeinigt. Ich ließ los und bekam dafür ein Gummispielzeug. Darauf durfte ich nach Herzenslust herumkauen, so lange und so fest ich wollte. Bis es kaputt war. Auf diese Weise habe ich gelernt, wo ich reinbeißen darf und wo nicht.

Warum gibt es keine Gnade für die Wade?

Amy: Ich weiß schon, wir Australian Shepherds haben einen schlechten Ruf, weil wir gern mal in eine schöne, wohlgeformte, muskulöse Wade zwicken. Soweit ich weiß, sind wir da nicht die Einzigen. Auch flinke Terrier und Sennenhunde können einer Wade in Bewegung nur schwer widerstehen. Der Punkt ist: Fliehende Beute zu verfolgen steckt noch tief in unseren Genen, vor allen bei Treib- und Hütehunden. Wie sollen wir ein Schaf und vor allem ein Rind stoppen und in die richtige Richtung schicken, ohne es kräftig zu kneifen?

Na ja, heute müssen wir meist kein Vieh mehr treiben. Aber ein praller, sich auf der Flucht befindender Unterschenkel mit feinstem Muskelfleisch weckt schlummerndes Begehren. Da war mal diese Sache mit dem Jogger: sprintet an mir vorbei und schlägt sich rechts in die Büsche. Ich war schneller und habe ihn zum Anhalten gebracht. Was für ein Theater mein Herrchen Rudolph und erst recht der Jogger gemacht haben, muss ich wohl nicht erwähnen. Ab in die Hundeschule zum Antijagd- und Impulskontrolltraining. Außerdem musste ich zweimal im Monat den Intensivkurs „Obedience" belegen. Dabei geht es um Gehorsamkeit, was für mich gleichbedeutend mit Demut und Verzicht war – eine tierische Herausforderung. Zum Glück habe ich eine neue Leidenschaft entdeckt: Mantrailing! Ich verfolge keine fliehenden Muskelpakete

Foto: Shutterstock/Richard Chaff

Ein „fliehender Unterschenkel" weckt oft unsere Instinkte. Da können wir nur schwer widerstehen.

mehr, sondern darf jetzt nach Menschen suchen. Das ist Dopamin pur. Meine Nase erbringt Meisterleistungen. Es ist anstrengend, aber eine Megabefriedigung, wenn ich den vermissten Menschen aufspüre. Glückliche Amy, glücklicher Rudolph.

Warum „heulen" Hunde gern auch im Chor?

Mrs Buddy: Nina und ich verbrachten ein Wochenende auf einer Dingofarm. Auf der Station gab es mehrere Gehege für verschiedene Dingofamilien. An beiden Abenden passierte das Gleiche. Ein Dingo fing an zu heulen und sofort stimmten die anderen Dingos mit ein. Das klang wie ein fröhlicher gemeinsamer Chor. Die Dingos konnten auch super den Ton halten. Nicht so wie Frauchen. Es begann mit einem lang anhaltenden höheren Ton, der gegen Ende wohlklingend in einen tieferen überging. Und als ob sie sich abgestimmt hätten, war das Chorheulen auf einen Schlag vorbei. Wölfe machen das auch so, um das Rudel zur Jagd zu versammeln. Die wenigsten Haushunde treffen sich noch zur Jagd, wir leben auch kaum noch im Rudel. Deswegen ist Chorheulen bei uns seltener geworden, aber es gibt trotzdem gute Gründe zum Heulen.

Wir hatten einen Nachbarshund. Sein Frauchen ließ ihn tagsüber viel allein und dann heulte er markerschütternd in unserer Siedlung. Mir und den anderen Hunden brach das fast das Herz. Das war ein anderes Heulen als das gemeinsame Heulen der Dingos. Ein richtiges Jaulheulen. Es klang wie ein am Ende langgezogenes „Au-au-au-uuuuuuuuu". Er rief: „Ich bin

Club der weisen Hunde:

Das Heulen ist für uns Vierbeiner ein Teil unserer Kommunikation, genauso wie das Bellen, Knurren, Winseln und Grunzen. Der Tonfall, die Intensität und die Häufigkeit machen die Musik und zeigen den Unterschied in der Bedeutung. Unsere Rasse spielt auch eine Rolle. Dackel wie Chantal, Huskys wie Simba, Beagles wie Butkus und Basset Hounds zählen zu den Rassen, die sich besonders gern in Hundegesang einklinken. Manche Hunde schließen sich Feuerwehrsirenen oder Instrumenten wie Geigen, Trompeten oder Mundharmonikas an. Sie musizieren zusammen mit ihren Menschen und fühlen sich dazugehörig. Andere heulen, um ihr Revier abzustecken und klarzustellen, wer hier das Sagen hat. Wenn Rasmus eine läufige Hündin riecht, jault er ihr ein Ständchen.

Foto: Shutterstock.com/JanWlodarski

einsam! Ist irgendwo jemand? Wo bleibt Frauchen?" Das ging so über Stunden. Bellkonzerte gab es auch, aber das Heulen tat geradezu körperlich weh.

Ich mag's eher ruhig und hab's nicht so mit dem „Heulen", auch nicht mit dem Bellen. Ach doch, ich habe mal kräftig gejault, als ich mir im Gebüsch meine Wolfskralle eingerissen habe. Du musst wissen, nicht jeder Hund hat eine Wolfskralle, auch Afterkralle genannt. Während bei allen Hunden die Vorderläufe aus fünf Zehen bestehen, sind es bei den Hinterläufen meist nur vier. Bei manchen Rassen wie bei uns Beaucerons, bei Deutschen Doggen oder auch beim Kangal Rasmus gibt es an den Hinterläufen einen zusätzlichen fünften Zeh. Das ist praktisch wie bei Menschen der große Zeh. Die Wolfskralle hat keine Funktion, sie berührt den Boden nicht, sie kann nichts. Aber wenn sie ein- oder abgerissen ist, ist das richtig schmerzhaft.

Es hatte in Strömen gegossen. Ich brachte mein Gesäß in die Kackstellung an einem rutschigen steilen Hang und musste ordentlich pressen, um den Kotseilschaften die Freiheit zu schenken. Dann ist es passiert. Ich verlor den Halt auf dem Hang und blieb im Gebüsch hängen, die Kralle auch. Mein gellender Schrei zerriss die Luft. Im Ernst, ich mache mein großes Geschäft nie wieder in Hanglage. Nina sagt immer, ich sei eben kein Feinmotorikwunder. Aber sich beim Koten die Kralle einzureißen, das muss man erst einmal hinbekommen. Ich denke, dieser Vorfall mit der anschließenden Operation zum Entfernen der Wolfskrallen ging in die Geschichtsbücher der Versicherung ein und in der Spalte „Ursache der Verletzung" musste eine neue Zeile eingefügt werden.

Was bedeutet Schwanzwedeln?

Rocky: Die meisten Menschen denken, Schwanzwedeln sei ein klares Zeichen für Freude und Glückseligkeit. Das kann so sein, muss aber nicht. Es ist schlicht ein Indikator der Erregung, unser Stimmungsbarometer: negativ oder positiv. Je schneller wir wedeln, desto aufgeregter sind wir. Je höher wir die Rute halten, desto mehr drohen wir. Steil nach oben aufgestellt ist es entweder das totale Imponiergehabe oder eine massive Drohung: „Komm jetzt besser nicht näher!" Ein Hund ist aufmerksam und wachsam, wenn sein Schwanz in waagrechter, gestreckter Position ist. Entspannung zeigt sich auf mittlerer Höhe. Eine niedrig gehaltene Rute deutet Unterwürfigkeit an. Dein Hund ist besorgt und fühlt sich nicht gut. Bei geballter Angst und Panik klemmen wir die Rute unter dem Bauch ein, bis sie fast am anderen Ende wieder herausschaut.

Wenn Besuch kommt, bin ich so aus dem Häuschen, dass ich den Turbopropeller anwerfe, große Kreise drehe und neckisch mit den Hüften wackle. Manchmal gerate ich beim Spielen mit den Zwillingen derartig in Ekstase, dass ich in den fünften Gang hochschalte und fast umfalle vor Wonne. Bin ich hingegen unsicher, wird mein Propeller langsamer und ist auf Halbmast gestellt. Angriff oder Flucht kündige ich mit einem zum Himmel ragenden Schwanz an, der in schnellen Bewegungen vibriert. Das ist manchmal verwirrend, denn mein Freund Butkus trägt seine Rute fast immer steil nach oben. Das liegt in der Natur eines Beagles und auch in der von vielen Terriern. Da können schon mal Missverständnisse aufkommen. Das mit dem Wedeln

Schwanzwedelnder Hund = fröhlicher Hund? Kann sein, muss aber nicht.

ist eine Wissenschaft für sich. Die unglaublichste Rute schmückt einen Irischen Wolfshund namens Keon. Sein Schwanz ist sagenhafte 76,8 Zentimeter lang und brachte ihm einen Eintrag ins Guinness-Buch der Rekorde. Wenn Keon mit seiner „Peitsche" wedelt, musst du in Deckung gehen.

Erkennt man fröhliche Welpen direkt nach der Geburt am Schwanzwedeln?

Happy: Haha, nein. Weder ich noch meine Geschwister konnten von Anfang an mit dem Schwanz wedeln, obwohl wir heitere, aufgekratzte und gesunde Welpen waren. Das geht nämlich gar nicht. Wir Hunde zählen zu den Nesthockern. Wir sind in den ersten Wochen auf die Hilfe unserer Mama angewiesen, weil wir noch nicht fertig entwickelt sind. Wir kommen blind und taub zur Welt. Auch unser Geruchssinn läuft erst nach und nach zu Höchstformen auf. Alles, was wir können, ist mühsam im Kreis herumrobben. Wir riechen die Milchzitze von Mama und wissen, wie man kopfpendelnd an der Milchbar andockt. Ohne Mama wären wir aufgeschmissen. Wir können noch nicht einmal eigenständig pinkeln oder Häufchen absetzen.

Unser Nervensystem ist zwar schon vorinstalliert, alle Leitungen sind verlegt, aber es ist noch kein „Strom" drauf. Deswegen können wir auch noch nicht mit dem Schwanz wedeln. Das Nervenkostüm wird nach und nach bis zur dritten, vierten Lebenswoche fertiggestellt. Erst kommt Saft in den Kopfbereich und erweckt die Sinnesorgane. Wir riechen mehr, die Augen und Ohren öffnen sich. Dann zieht sich der „Stromkreis" über den Rumpf bis in den Schwanz. Wenn das Schwanzwedeln einsetzt, weißt du, dass alle Synapsen miteinander verbunden sind und der Rückenmarkskanal ausgereift ist.

Warum haben manche Hunde verstümmelte Schwänze?

Lucy: Heute gibt es klare Gesetze, aber früher war das Kupieren von Ruten und Ohren erlaubt, unter bestimmten Bedingungen sogar erwünscht. Bei Wachhunden wie bei uns Dobermännern wollte man verhindern, dass ein Einbrecher uns am Schwanz packt und so lange festhält, bis der zweite Einbrecher das Haus leer geräumt hat.

Bei Jagdhunden wurden die Ruten kupiert, damit sie sich nicht im Gestrüpp, Unterholz oder auf steinigem Boden verletzen konnten. Auf die Fasanenjagd spezialisierte Hunde trugen noch ein besonderes Risiko: Nachdem sie die Vögel aufgescheucht hatten, warf der Jäger ein Netz über die Tiere. Es kam vor, dass sich auch die Schwänze der Hunde darin verhedderten und verletzt wurden. Ein halb abgerissener oder gebrochener Schwanz verursacht höllische Schmerzen. Die Behandlung ist schwierig und qualvoll und führt meist zu einer Amputation, die bei einem erwachsenen Hund viel riskanter ist als bei einem Welpen.

Bei Treibhunden sollte das Kupieren verhindern, dass ausbrechende Rinder den Hunden regelrecht auf den Schwanz traten. Der absurdeste Grund für die Schwanzamputation hat mit Steuerersparnissen zu tun. Gemäß dem britischen Steuergesetz gehörten alle tierischen Lebewesen, deren Schwanz länger als 5 Zentimeter war, in die Kategorie Nutztiere. Diese wurden besteuert. Farmer in Großbritannien versuchten daher eine Rasse zu züchten, bei der die Welpen ohne Rute oder mit einem Ministummelschwanz geboren wurden: den Old English Sheepdog. Er wird auch Bobtail genannt, was „Stummelschwanz" bedeutet. Kam dennoch ein Welpe mit Rute zur Welt, wurde diese sofort bis auf maximal 5 Zentimeter gekürzt, denn Schwanz ab – Steuerfreiheit.

Das Kupieren der Ohren wurde häufig mit der Behauptung gerechtfertigt, wir Hunde könnten dann Schmutz und Ohrenschmalz besser aus den Ohren schütteln. Das sollte vorbeugend gegen Ohrenentzündungen wirken. Ohren und Ruten amputierte man auch aus optischen Gründen: Manche Hundehalter setzten bewusst kupierte Dobermänner und Rottweiler ein, weil sie gefährlicher und abschreckender wirkten.

Bei mir ist Gott sei Dank noch alles dran. Abgesehen von den unnötigen unsagbaren Schmerzen, die so eine Amputation mit sich bringt, beeinflusst das auch unser Körpergefühl, die Balance, und wir verlieren mit Ohren und Rute wichtige Kommunikationsmittel. Bei einem Hund mit vibrierendem Ministummel muss ich schon sehr genau hinschauen, um zu erkennen, wie der gelaunt ist. Wenn er zusätzlich mit einem Faltengesicht daherkommt, wird es detektivisch.

Frauchen ergänzt:

Das Kupieren von Ruten und Ohren ist in Deutschland, Österreich, der Schweiz und in vielen anderen Ländern weitestgehend verboten. In Deutschland dürfen die Ruten von nachweislich zur Jagd eingesetzten Hunden zum Schutz vor lebensgefährlichen Verletzungen kupiert werden. Aus medizinischer Notwendigkeit bei einem Tumor oder einer halb abgerissenen Rute ist das Kupieren ebenfalls erlaubt.
Trotz des Verbots sieht man hierzulande American Staffordshire Terrier, Dobermänner, Rottweiler oder Boxer mit kupierten Körperteilen. Züchter lassen derart grausame Verstümmelungen im nahe gelegenen Ausland durchführen oder eben illegal. Solange Nachfrage besteht, wird sich das wohl leider nicht ändern.

Wieso schnüffeln Hunde leidenschaftlich an Kot und Urin?

Butkus: Was euch Facebook, Fernsehen, Radio, Zeitungen und andere Medien bedeuten, sind für uns Postings aus Urin, Kot und Sekreten aus den Analdrüsen. So tauschen wir Botschaften aus. In unserem Dorf läuft ein alter Husky herum, mit dem ich mich

Pinkelstellen anderer Hunde lesen wir wie du deine Zeitung.

gelegentlich ins Fell kriege. Schon bevor wir in den Wald abbiegen, weiß ich, ob er heute dort ist. Dann bleibe ich wachsam. Ich kann dir auch sagen, ob eine läufige Hündin mit wackelnden Hüften paarungswillig über die Felder streift. Ganz so wichtig ist das für mich allerdings nicht mehr. In meinem Alter spielt sich Sex nur noch im Kopf ab. Natürlich erfahre ich beim Kotlesen auch, wie der andere Hund sich ernährt, ob er an Verstopfung leidet oder mit Dünnpfiff unterwegs ist. Ist alles top interessant. Nicht selten eröffnen

Club der weisen Hunde:

Schnüffeln ist Kommunikation und gehört zu unseren wichtigsten Grundbedürfnissen. Unsere Analdrüsen sondern beim Koten eine besonders fettige Substanz ab, die Wochen bis Monate haltbar ist. Darin sind chemische Stoffe enthalten, die jedem guten Schnüffler Auskunft über Alter, Geschlecht, Gesundheitsstatus, Gefühlslage und hormonelle Befindlichkeiten des Absenders geben.

sich mir Geheimnisse von höchster Brisanz. Vielleicht hat dein Hund sich schon mal geweigert, über eine bestimmte imaginäre Linie zu laufen, und ist mitten auf dem Weg stehen geblieben. In meinem Fall wäre das Bocklosigkeit. Wahrscheinlicher ist aber, dass dein Vierpfoter einen feindlichen Hund gewittert hat, der sein Territorium gründlich abschirmt. Dein Hund traut sich nicht, dessen Revier zu betreten. Entweder trägst du ihn über die Stelle oder du musst ausweichen. Überreden klappt in der Regel nicht.

Ich habe schnell verstanden, wie man kostenlos und ohne großen Aufwand in die Königsklasse der Botschafter aufsteigt. Der Trick ist, die eigene Nachricht, die sich durch erhöhte Dringlichkeit und immense Wichtigkeit auszeichnet, zu „highlighten". Nach meinen Geschäften sorge ich durch kräftiges Scharren und Wedeln für ordentliche Geruchsverbreitung oder ich markiere noch mal drüber.

Blöd ist, wenn Herrchen es eilig hat und ich nur die Schlagzeilen überfliegen kann. Mir ist es lieber, wenn ich in Ruhe schnüffeln kann. Ach, noch was: Mein Herrchen und ich gehen fast jeden Tag eine andere Gassistrecke. Ich mag Abwechslung, weil ich neugierig bin, aber Johannes müsste sich gar nicht unbedingt so viel Mühe machen. Uns Hunden wird es nicht so schnell langweilig, denn wir erleben die gleiche Stecke jeden Tag anders. Sie riecht niemals wie am Vortag. Es ist stets spannend, wer hier gerade unterwegs war und wie es dem Hund ging. Für mich ist es nicht wichtig, wo wir herumlaufen. Hauptsache ich habe ausreichend Zeit zum Schnüffeln und erfahre viele Neuigkeiten aus der Hundewelt. Und nein, wir bekommen vom vielen Schnüffeln keinen Nasenflügelkrebs.

Warum pinkeln Rüden nicht in der Hocke?

Butkus: Das kann ich dir erklären. Ich bin zwar nur ein knapp kniehoher Beagle, aber wenn ich unterwegs bin, um mein Revier zu markieren, werde ich zum wahren Akrobaten. Ich piesle so hoch wie möglich, damit alle, die vorbeikommen, denken, ich sei riesengroß. Kein anderer Hund soll es schaffen, noch höher zu pinkeln als ich. Ich hebe mein Hinterbein so stark an, dass ich fast umkippe. Ich balanciere auf drei Beinen und markiere am liebsten Bäume, Pfosten oder auch mal eine Hauswand. Das mag mein Herrchen Johannes zwar nicht, aber senkrechte Flächen sind zehnmal besser, weil der Wind meinen Duft von dort aus effektiver verbreiten kann: So bleibt mein Posting länger lesbar.

Es gibt übrigens auch Hündinnen, die das Bein heben. Das ist keine reine Männersache … Es ist eine Möglichkeit, Botschaften an andere Hunde zu vermitteln oder auch ein Revier abzustecken. Es gibt sogar Hündinnen, die sich erst kurz hinsetzen und dann in den Handstand gehen. Das sieht lustig aus. Ich würde einfach umfallen.

Wieso „überpinkeln" Hunde gegenseitig ihre Markierungen?

Wölkchen: Das mit dem Drüberpinkeln machen wir gern. Bei einem fremden Hund wollen wir seine Visitenkarte überpinkeln, um unsere viel dringendere Botschaft zu hinterlassen und seine unleserlich zu machen. Das ist dann schon ein bisschen Dominanzgehabe und Wichtigtuerei. Wenn wir nebeneinanderpinkeln, dient das meist dem gezielten Austausch nach einer Konfliktsituation.

Anders ist es beim Drüberpinkeln unter Freunden. Das ist mehr ein Kollektivpinkeln. Wir möchten zeigen, dass wir zusammengehören: großes Gefühlskino. Butkus, Frieda, Mrs Buddy und ich machen das oft, wenn wir im Konvoi unterwegs sind. Vielleicht ist dieses Gemeinschaftsgefühl auch der Grund, warum junge Menschenmädchen immer zusammen auf die Toilette gehen und so lange brauchen? Aber ich weiß das nicht genau, bin ja nie dabei.

Wenn das Gehirn auf Hochtouren läuft

Viel reden nützt nichts. Wenn wir euch verstehen sollen, müsst ihr uns die Bedeutung einzelner Signalwörter beibringen.

Verstehen Hunde die Menschensprache?

Mrs Buddy: Ja und nein. Nein, weil wir die Bedeutung eurer Worte nicht kapieren. Für uns ist das eine Fremdsprache. Mein Frauchen war auf einer Automobilmesse in Schanghai. Sie konnte Chinesisch weder verstehen noch die Schrift lesen. Wenn sie nach dem Weg zu ihrem Hotel fragte, zeigte sie ein Foto des Hotels. Die Visitenkarte mit der Adresse des Hotels war nicht so hilfreich, weil nicht jeder der Gefragten lesen konnte. Ein Bild konnten die meisten zuordnen. Die Leute erklärten ihr den Weg mit Körpersprache. Rechts, links, geradeaus, rückwärts – diese Signale sind universell. Uns geht es ähnlich: Wir können Wörter mit Handlungen und Situationen verknüpfen, wenn uns das beigebracht wurde. Insofern „verstehen" wir eure Worte schon. Es ist total egal, welches Wort du für welches Kommando wählst, es muss nur immer das gleiche sein und möglichst auch im gleichen Tonfall gesagt werden. Der Ton macht die Musik. Mit „Simsalabim" erinnert mich Frauchen zum Beispiel daran, dass das Spiel zu Ende ist. „Abrakadabra" bedeutet, der Leckerlischrank öffnet sich und eine Schleckerei kommt geflogen. Nina verwendet gern Wörter, die im Menschengeplapper nicht so häufig vorkommen. Warum? Dazu erzähle ich dir später eine lustige Geschichte über Gehorsamkeit und Missverständnisse. Jetzt möchte ich dir erst mal ein Beispiel geben, wie man Hunde hervorragend verwirren kann.

Käthe hat ihren Mischlingshund Sir Henry immer zugetextet, ohne Punkt und Komma. Als ob Sir Henry es nicht schon schwer genug im Leben hätte. Sein Frauchen ist der Typ Mensch, der sich mit einer lauwarmen Flasche Mineralwasser in einen schalldichten Keller setzt und schon beginnt die Party. Na ja, jedenfalls kam ein Wortschwall nach dem anderen: „Sir

Henry herrje-schau-doch-lieber-weiter-drüben ja-denk-doch-mal-nach-sakradie nee-hier-Sir-Henry-dort-Brennnesseln so-geht-das-nicht-alter Mann mir-reicht's-gleich-jetzt-mach-halt-schon-bist-du-blind-oder-was such-endlich-sonst-gibt's-kein-Mittagessen ich-friere-du-bist-doof-alles-Schikane-willst-mich-vor-den-anderen-blamieren ich-weiß-doch-dass-du-das-kannst …" Das Ganze in allen Tonlagen. Meinst du, Sir Henry wusste, dass er einen Tannenzapfen suchen sollte?

Können Hunde Gedanken lesen?

Hyggeli: Sorry, das klingt für mich nach esoterischem Kladderadatsch. Damit kann ich persönlich nichts anfangen. Müsstest du Luna fragen. Ich denke, die Frage sollte lauten: „Haben Hunde die Fähigkeit, menschliche Körpersprache zu lesen und die Absichten der Menschen zu erkennen?" Darauf ist die Antwort ein klares „Ja". Und nein, das ist keine banale Fähigkeit. Aus sicheren Quellen weiß ich, dass sogar unsere Welpen bei der Gabe, Körpersignale zu entschlüsseln, besser abschneiden als ein dreijähriges Kind, Schimpansen und Wölfe. Wir haben diese Fähigkeit nicht von unseren Vorfahren geerbt, was einmal mehr beweist, dass wir Haushunde keine in der Stadt lebenden Wölfe sind. Wir haben sie im Lauf unserer Evolution selbst entwickelt und sind jetzt Meister im Beobachten. Wenn mein Herrchen zur Garderobe geht, sagt mir schon die Auswahl seiner Schuhe, ob wir zusammen Gassi gehen oder ob er sich allein mit einem Weiberl trifft. Beim Hütchenspiel kannst du das Talent deines Hundes bis zur vollendeten Perfektion ausbauen. Du reibst alle Becher mit dem gleichen Futter ein. Nun versteckst du, ohne dass dein Hund es sehen kann, in einem der Becher ein Schmankerl. Dein Hund soll den Becher mit dem Leckerli umwerfen. Stufe 1: Du klopfst auf den Becher, in dem das Leckerli ist. Stufe 2: Du deutest mit einem klaren Handzeichen auf den richtigen Becher. Stufe 3: Du richtest lediglich deine Augen auf den Futterbecher. Wenn dein Hund mit der Zeit Stufe 3 erreicht hat, vollbringt er eine hirntechnische Meisterleistung. Dann weißt du, dass deinem Hund keine deiner Gesten entgeht und er deine Absichten lesen kann.

Foto: Shutterstock.com/Aleksey Boyko

Gedanken lesen können wir nicht, aber dank unserer Beobachtungsgabe sind wir Meisterhütchenspieler.

Wie kann ich meinem Hund das Lernen erleichtern?

Mrs Buddy: Es bereitet uns großes Unbehagen, wenn unsere Menschen uns keine Orientierung geben. Wir lieben eindeutige Botschaften. Nichts ist schwammiger als ein „Vielleicht". Was soll das denn heißen? Darf ich jetzt oder nicht? Oder darf ich erst später, und wenn ja, wann? Das verunsichert uns. Die „Vielleicht-Menschen" und die Inkonsequenten machen uns das Leben unnötig schwer. Wir sind die Verwirrten und Gelackmeierten. Wir wollen von Natur aus geliebt werden, wollen es Herrchen und Frauchen recht machen. Aber wenn wir den ganzen Tag im Ratespielmodus sind, bleibt es dem Zufall überlassen, ob wir uns wie von euch gewünscht verhalten oder nicht. Früher oder später gibt es dann Zoff.

Ich geb dir mal ein Beispiel, damit du verstehst, wie irritierend euer Regelwerk manchmal für uns ist. Das ist zugegebenermaßen ein bisschen übertrieben dargestellt, aber in unserem Landkreis und manchmal auch innerhalb einer Ortschaft gibt es tatsächlich so viele Regeln und Vorschriften, dass sich kaum einer mehr auskennt: Am See ist Hundebaden grundsätzlich ab dem 15. September bis zum übernächsten Vollmond erlaubt. Dies gilt für alle Hunde mit den Sternzeichen Fische, Wassermann, Krebs und Skorpion, nicht jedoch, wenn der Hund älter als drei Jahre ist. Wasserverbot gilt für Vierbeiner mit hellem Halsband oder Geschirr, nicht aber, wenn Frauchen grüne Socken trägt. Die Verordnung ist unwirksam für schlappohrige Hunde im Alter von 12 bis 48 Monaten, die über 45 Kilo wiegen. Die Maßnahmen gelten an geraden Tagen ab 15:30 Uhr, an ungeraden Tagen nur für Hunde ab einer Schulterhöhe von 25 Zentimetern. Eine Ausnahmeregelung besteht für das Ostufer des Sees ab Grenzkilometerstein 14. Dort dürfen Mehrhundehalter nicht schwimmen, es sei denn, sie besitzen wenigstens drei Hunde. Alles klar, oder?

Frauchen ergänzt:

Es geht nicht darum, welche und wie viele Regeln Sie aufstellen, sondern um konsequentes Handeln, Klarheit und Orientierung für Ihren Hund. Alle Spielregeln, mit denen Sie sich wohlfühlen und die weder Ihnen noch Ihrem Hund oder anderen Lebewesen Schaden oder Leid zufügen, sind wunderbar. Ob Ihr Hund ins Badezimmer oder in Ihr Bett darf, welchen Radius er im Freilauf nutzen kann, ob er bei ungewohnten Geräuschen vor dem Haus anschlagen soll oder auch nicht – all das ist allein Ihre Entscheidung. Wichtig ist nur, dass Sie Ihrem Vierbeiner diese Regeln mitteilen.

Falls Sie und Ihr Partner oder Ihre Partnerin sich in manchen Punkten uneinig sind, ist ein Kompromiss eine feine Sache. Den einen stört es, wenn der Hund auf dem Sofa liegt, weil er haart und Flecken hinterlässt, der andere freut sich und will kuscheln. Legen Sie doch einfach eine Hundedecke aufs Sofa und bringen Sie Ihrem Hund bei, dass er nur dort liegen darf.

Welches ist die einfachste Methode, Hunden etwas beizubringen?

Chantal: Oh, das ist bei uns Vierbeinern unterschiedlich. Es gibt so viele Lernmethoden. Du musst Ver-

Shutterstock.com/alexei_tm

schiedenes ausprobieren, um herauszufinden, was am besten zu deinem Hund und zu dir passt. Vier Dinge gelten für alle Hunde: Wir lernen am leichtesten auf spielerische Weise, es muss uns Spaß machen und Erfolg versprechend sein. Außerdem stehen wir auf Belohnungen. Dabei muss es sich nicht immer um ein Futterstückchen handeln. Ausgelassenes Herumtoben mit Frauchen, Kuscheleinheiten oder ein großes ehrliches Lob nehme ich ebenso dankend an. Schließlich muss ich auf meine Figur achten, damit ich noch in den Fuchsbau passe.

Meine Lieblingsmethode und gleichzeitig mein Motto ist: Einfach mal machen, könnte ja gut werden!

Ich bin sehr neugierig und wissbegierig. Hähnchenstücke finden habe ich im Dalli-dalli-Tempo kapiert. Das funktioniert so: Mein Frauchen Ursel setzt sich auf den Boden, mit beiden Händen auf dem Rücken. Ich lege mich hin. Ursel streckt ihre Hände nach vorn und ich muss herausfinden, in welcher Hand das Filetstückchen ist. Wenn ich mit meiner Pfote auf die richtige Hand tatsche, öffnet sich die Faust. Wenn nicht, dann nicht. Berühre ich Frauchens Hand mit der Schnauze, passiert gar nichts, selbst wenn es die Filetstückchenhand ist. Nur fürs Pföteln gibt's ein Öffnen. Ach ja, ich muss bei all dem auch noch liegen bleiben, was mir besonders schwerfällt. Stehe ich während der Übung auf und klopfe dann auf die Hand, gehe ich leer aus. Das ist Lernen durch Versuch und Irrtum, Erfolg und Misserfolg.

Mrs Buddy: Kopernikus sagte: „Zu wissen, dass wir wissen, was wir wissen, und nicht zu wissen, was wir nicht wissen, das ist wahres Wissen."

Hm. Die einfachste Lernmethode? Ich würde sagen, mir fällt es am leichtesten, eine bestimmte Handlung mit einem Signalwort oder Zeichen zu verknüpfen. So habe ich gelernt, was das Wort „Pause" bedeutet. Immer wenn ich müde war und mich freiwillig nach einem Abenteuerausflug auf meine Decke gelegt habe, sagte Frauchen „Pause". Keine Ahnung mehr, wie oft sie das gemacht hat. 10-, 20- oder 100-mal? Das Wichtigste dabei ist, dass Nina das Signalwort fix und unmittelbar sagt, sobald ich auf der Decke liege. Sie darf nicht länger als 0,5 bis 1,2 Sekunden warten. Warum? Wir Hunde sind extrem flink in unseren

Handlungen und beim Verknüpfen. Wenn du das Wort „Pause" erst sagst, wenn dein Hund schon wieder dabei ist aufzustehen, verknüpft er es mit Aufstehen statt mit Ausruhen. Das mit der Geschwindigkeit ist das A und O beim Lernen durch direkte Verknüpfungen, übrigens auch bei Lob und Tadel. Du zählst 21, 22 – spätestens jetzt müssen Belohnung oder Strafe kommen. Ach ja, noch was: Wir können nicht wissen, wie lange wir im Pausemodus bleiben sollen. Deswegen ist es nötig, dass du die Übung am Ende auflöst. Frauchen sagt „Frei".

Ich erzähle dir mal, wie Frauchen mir das Ballspielen abgewöhnen wollte. Auf einer Weide standen Kühe, das kannte ich schon. Neu war, dass auf der Wiese ein Ball lag. Ich liebe Bälle, also nichts wie hin. Ich sause los, Nina schreit irgendetwas. Im Galopp drehe ich mich halb um zu ihr. Genau in diesem Moment brennt es fürchterlich in meinem Körper. Ich werde durchgeschüttelt. So was habe ich noch nicht erlebt. Mensch, Frauchen, das war die mieseste Strafe, die du dir je ausgedacht hast! So ein Schmerz, nur damit ich nie wieder zu einem Ball renne. Autsch, tat das weh!

 Frauchen ergänzt:

Das war eine klassische Fehlverknüpfung. Mrs Buddy hatte genau in dem Moment Blickkontakt mit mir, als sie gegen einen Stromzaun lief. Also war ich in ihren Augen der Bösewicht, nicht der Zaun. Wir sind danach tagelang zu der Weide gegangen. In sicherem Abstand zum Zaun legte ich einen Ball ab. Der Schock saß so tief, dass meine Balljunkie-Hündin sich anfangs sträubte, auf den Ball zuzugehen. Sie sah mich mit großen Augen an, als wollte sie fragen, ob ich ihren Körper noch mal „anbrennen" würde. Also ging ich zum Ball, nahm ihn in die Hand und forderte sie zum Spielen auf. Als Mrs Buddy auch daraufhin nicht zu mir kam, legte ich den Ball wieder hin, um ihr zu zeigen, dass nichts passiert, wenn man den Ball berührt. Nach und nach näherte sie sich schrittweise sehr zögerlich dem Ball. Mit viel Geduld gewann ich in zig Versuchen ihr Vertrauen zurück und am Ende waren ihre Gier nach dem Ball und die Freude am Spielen größer als ihre Angst.

Talente am Klavier sind bei uns Hunden eher die Ausnahme, aber es gibt viele andere Übungen und Tricks, die wir begeistert lernen.

Kann man die Intelligenz eines Hundes fördern?

Einstein: Oh ja, das funktioniert. Als Pudel bin ich schon von Geburt an mit einem überdosierten IQ gesegnet. Das belastet mich durchaus, aber es ist nun mal eine Tatsache, dass ich grundsätzlich recht habe. Deswegen bin ich für Einsteinialismus und habe die Einsteinpedia ins Leben gerufen.

Weißt du, warum Chanda-Leah, natürlich auch ein Pudel, ins Guinness-Buch der Rekorde aufgenommen wurde? Sie beherrscht 469 atemberaubende Tricks. Sie kann auf dem Klavier spielen, holt ein Taschentuch, wenn jemand niest, und räumt nach dem Spielen ihre Sachen weg. Und dann gibt es da noch den Collie Striker. Er kam ins Guinness-Buch, weil er ein Autofenster innerhalb von 13 Sekunden manuell öffnen kann, und dabei ist er nicht mal ein Pudel.

Tiere, die in einer reizlosen Umgebung aufwachsen und nicht gefördert werden, wie unser Freund, der Airedale Terrier Bruno, lernen wesentlich langsamer und sind stressanfälliger als diejenigen, die viel Raum zum Erkunden und Lernen haben. Viele Menschen

denken, ältere Hunde könnten nichts mehr lernen und brauchten ihre Ruhe in einem monotonen Alltag, der ihnen Sicherheit gibt. Das ist nicht so. Sicherheit, Verlässlichkeit, Vertrauen und Auszeiten brauchen alle Hunde. Das ist richtig. Aber damit ist kein eintöniges alltägliches Dahinplätschern gemeint. Welpen und Junghunde lernen zwar schneller und leichter als Oldies, alte Hunde und Hunde mit Handicap profitieren aber genauso von einer abwechslungsreichen Gestaltung des Alltags und von Hirntraining. Spielchen für den Kopf kann man überall machen, drinnen und draußen. Dazu braucht es kein teures Spielzeug. Max nimmt eine Toilettenpapierrolle, stopft ein paar Naschereien hinein und knickt die Pappe um, damit die Rolle verschlossen ist. Ich muss mir dann überlegen, wie ich am schnellsten an die Gaumenfreuden komme. Ich will ja nicht die olle Papprolle fressen. Und richtig gemein wird es, wenn Herrchen Hüttenkäse in meinen Kong® schmiert. Ein Kong® ist ein befüllbares Gummispielzeug, bei dem ich eine Lösung finden muss, wie ich mit meinem Riesenlappen von Zunge an den Hüttenkäse komme und alles säuberlich reinigen kann.

Simba: Du willst wissen, in welchem Alter wir am besten lernen? Am einfachsten und schnellsten funktioniert es bis etwa zur 16. Lebenswoche. In dieser Zeit sind wir extrem neugierig, saugen alle neuen Informationen auf und verarbeiten diese flink. Ich hatte Glück mit meiner Hundemutter Sarabi, die mir die Welt erklärte. Sarabi zeigte mir auch deutlich meine Grenzen auf, wenn ich zu überdreht durch die Gegend purzelte oder außerhalb der Öffnungszeiten an ihren Milchzitzen herumzerrte. Sarabi war eine ausgeglichene, souveräne Hundemutter, körperlich in Topform. Das ist wichtig. Ist die Mama nervös, gereizt und gestresst, so kann sich das schon im Mutterleib auf die Nachkommen übertragen. Manche dieser Welpen entpuppen sich zu unliebsamen „Wundertüten" mit fragwürdigen Manieren, erkranken oder lernen ein Leben lang schlechter, wenn sie nicht bald in die besten Hände kommen.

Durch meine Geschwister habe ich nicht nur die Beißhemmung gelernt, sondern auch, wie man richtig miteinander spielt und wann es genug ist. Der Züchter hat uns ans Autofahren gewöhnt und wir machten mit ihm die ersten großen Ausflüge in die Natur. Meiomei, das waren Abenteuer!

Ach, entschuldige, ich komme noch mal zurück auf deine Frage, wann Hunde am besten lernen. Zwar fällt uns das Lernen in den ersten 16 Wochen am leichtesten, wir hören aber nie auf zu lernen. Du kannst auch alten Hunden noch alle möglichen Kunststückchen beibringen.

Lady: Mein Herrchen Tobias hat mir schon ab meiner neunten Lebenswoche beigebracht, dass ich immer am Bordsteinrand sitzen bleiben muss, bevor er das Kommando zum Über-die-Straße-Gehen gibt. Das ist für mich sicherer. Als Havaneserin bin ich etwa so groß wie mancher Bordstein und werde leicht übersehen. Egal, ob mit oder ohne Leine, an der

Foto: Shutterstock.com/Shevs

Club der weisen Hunde:

Übrigens, nur weil unser Hirn kleiner ist als eures, sind wir nicht dumm unterwegs. Unser Gehirn nimmt etwa 0,2 bis 1 Prozent unseres Körpergewichts ein. Bei euch Menschen sind es 2 bis 2,3 Prozent.

Die Größe des Gehirns gibt keinen zuverlässigen Hinweis auf die Intelligenz des „Hirnbesitzers". Es gibt riesige Hunde und auch Menschen, in deren Kopf viel Platz für Gehirn ist, die sich aber rappeldämlich anstellen. Genauso gibt es kleine Hunde und Menschen, die extrem pfiffig und clever sind.

Straße setze ich mich immer. Alle Spielregeln, die ich als Welpe verinnerlicht habe, führe ich heute noch bedingungslos aus. Die Ansage „Straße" muss Tobias schon gar nicht mehr machen. Trotz meines kubanischen Temperaments bleibe ich so lange sitzen, bis das Auflösesignal „Auf" kommt. Nur einmal ist es dumm gelaufen: Herrchen war wie so oft telefonierend und gestresst mit mir unterwegs. Er ging über die Straße, ich blieb selbstverständlich auf dem Bürgersteig sitzen. Und dort hat er mich dann einfach vergessen. Ich hätte auch allein nach Hause gefunden, aber ein Deal ist ein Deal. Also blieb ich, wo ich war. Manche Autofahrer sahen mich, bremsten oder fuhren ganz langsam an mir vorbei. Wildfremde Menschen streichelten mich mit den Worten: „Heitatei, was bist du denn für ein Süßer?" Hallo? Ich bin eine wohlerzogene Dame und kein Süßer. Also wenn Tobias jetzt nicht bald kommt, nimmt mich der Nächstbeste mit nach Hause, dachte ich. Und nach einer gefühlten Ewigkeit kam Tobias völlig außer Atem mit meiner Leine in der Hand angerannt. Als er mich auf den Arm nahm, konnte ich hören, wie sein Herz pochte, und seine Angst roch ich aus allen Poren. Aber seither weiß er: Gelernt ist gelernt, auf seine Lady ist immer Verlass.

Können Hunde eigenständig Strategien entwickeln?

Chantal: Mittwochs kommt unsere Haushälterin Dana. Die mag ich sehr gern. Sie kuschelt oft mit mir und manchmal fällt eine kleine Schleckerei ab. Nur eine Sache ist doof: Sie gibt mir nie etwas von ihren Spiegeleiern ab. Jeden Mittwoch das Gleiche. Sie brutzelt sich Spiegeleier und ich werde fast verrückt, so lecker riecht das. Ich sitze immer brav zu Danas Füßen, aber das beindruckt sie nicht. Sie bewacht die Eier auf dem Herd. Hochspringen, anstupsen, verhungert schauen, nichts funktioniert. Eins ist klar, so komme ich nicht an die Eier ran. Hmm. Ich muss Dana aus der Küche locken. Aber wie? Sie lässt ja die heiligen Eier nicht allein, es sei denn …

Unsere Küche ist im ersten Stock. Einmal wartete ich geduldig ab, bis Dana die Eier auf ihren Teller schob und sich an den Tisch setzte. Dann lief ich super-aufgeregt und bellend zur Haustür hinunter. Du musst wissen, ich schlage nie an, egal, wer an der Tür steht. Ich kläffte wie verrückt, sprang an der Tür hoch und setzte noch ein markerschütterndes Heulen obendrauf. Lange würde Dana das nicht mehr ertragen. Sie rief ein paarmal „Aus!". Ich machte weiter. Und siehe da, schon kam Dana die Treppe herunter, um zu schauen, ob jemand vor der Tür stand. In diesem Moment flitzte ich die Treppe hoch, schnurstracks zum Küchentisch. Ich sprang vom Stuhl auf den Tisch, und die Eier gehörten mir. Köstlich, sage ich dir. Haha, viele Menschen denken ja, wir kleinen Hunde seien nicht mit Schlauheit gesegnet. Da liegen sie falsch. Hungersnot macht erfinderisch. Mein Trick hat allerdings nur einmal funktioniert. Ich versuchte es noch viel Mittwoche lang, aber Dana bewegte sich keinen Meter von den Spiegeleiern weg, was auch immer ich mir einfallen ließ.

Wie gewöhne ich meinem Hund das Anbellen von Besuchern ab?

Lucy: Wenn es an der Tür klingelte, war ich immer total aus dem Häuschen und bellte, weil ich mich so über Besuch freute. Ich wusste ja nicht, dass die meisten Freunde meines Frauchens Sandra Angst vor mir hatten, nur weil ich eine Dobermannfrau bin. Manche Besucher trauten sich schon gar nicht mehr zu uns. Dabei hatte ich doch gar nichts Böses im Sinn.

Mein Frauchen war sehr traurig darüber, dass ich jeden verbellte. Deshalb begann sie, beim Klingeln ein neues Spiel zu spielen. Immer wenn die Türglocke läutete, sagte Sandra ruhig: „Auf deine Decke." Das Signal kannte ich gut und ich wusste: Jetzt gibt es eine Belohnung. Es klappte trotzdem nicht gleich. Ich war zu aufgeregt. Oje, am Anfang musste der Besuch lange draußen warten. Der durfte erst reinkommen, wenn ich auf meiner Decke lag und mich beruhigt hatte. Bald hatte ich begriffen: Wenn die Türglocke läutet, soll ich ab auf meine Decke zischen und mich um meinen duftenden Rinderknochen mit dieser unglaublich leckeren Cremefüllung kümmern. Später darf ich unsere Freunde trotzdem begrüßen – ohne Bellen.

 Frauchen ergänzt:

Verhalten umleiten ist eine gängige Methode, um unerwünschtes Verhalten abzustellen. Für den Hund muss der Anreiz, etwas anderes zu tun als bisher, anfangs sehr groß sein. Es muss sich für ihn wirklich lohnen. Wenn der Hund das neue Verhalten verinnerlicht hat, kann man die Futterbelohnung langsam abbauen oder durch Lobwörter und Streicheleinheiten ersetzen.

Wie kann man gierige und überdrehte Hunde bremsen?

Mrs Buddy: Ich hatte bei meinem Frauchen Vollpension gebucht: Mein Futternapf wurde mindestens zweimal am Tag mit Köstlichkeiten gefüllt, und Snacks zum Nachtisch waren inklusive. Dafür musste ich nichts weiter tun. Manchmal dauerte es mir zu lange, bis sie mein

Foto: Shutterstock.com/Rossi-Helen

So ein blödes „Spiel". Ihr Menschen habt schon komische Ideen ...

Gemüse, Kräuteröl, Fleisch und Reis zubereitet hatte. Es duftete schon so lecker. Sabbernd stand ich neben Nina. Sie sagte „Abwarten" und schaute mich streng an. Das Wort „Abwarten" ernenne ich hiermit zum Unwort des Jahres. Kommt gleich nach „Pause" und „Aus". In meinen Augen ist Warten verlorene kostbare Zeit. Also sprang ich meinem Futternapf entgegen, damit Nina sich nicht erst bücken musste. Auweia, das war ein Chaos. Da flog Frauchen doch glatt die Schüssel aus der Hand. Mein Abendessen klebte am Küchenschrank und auf dem Fußboden. Na ja, dachte ich, was soll's. Dann schlecke ich es halt auf. Weit gefehlt. Ich musste raus aus der Küche, Tür zu. Mein damals zartes Alter von sieben Monaten wirkte sich nicht strafmildernd aus. Von

nun an galten neue Spielregeln. Die Ära „Nichts im Leben ist umsonst" war eingeläutet.

Vollpension bekam ich noch, aber ich durfte nicht mehr vor dem Napf herumzappeln. Erst wenn ich ruhig im „Sitz" wartete, kam mein Futter. Und das war noch nicht alles. Frühstück und Abendessen durfte ich erst anrühren, wenn Frauchen „Mahlzeit" sagte. Was für quälende Sekunden! Zeitoptimierung geht anders. Wenn ich versuchte, meine Schnauze vor „Mahlzeit" ins Essen zu drücken, verschwand der Napf schneller, als ich gucken konnte. Meine Schüssel ist noch genau zwei Mal durch die Küche geflogen, weil ich sie mit meinen Tatzen festhalten wollte. Dann hatte ich es kapiert. Mahlzeit!

Frauchen ergänzt:

Bei der Anwendung der „NILIF-Methode" (Nothing In Life Is Free/Nichts im Leben ist umsonst) ging es mir nicht darum, dass meine Hündin sich ihr Futter erarbeiten soll und leer ausgeht, wenn sie nicht gehorcht. Mrs Buddy bekommt immer so viel Futter, wie sie braucht. Ich habe diese Methode genutzt, um ihre Gier zu bremsen und ihre Frustrationsschwelle zu erhöhen. Sie sollte lernen, sich in Geduld zu üben, und wurde für ruhiges Verhalten auch immer wieder zwischendurch belohnt. Ich mache das heute noch, wenn sie beim Ballspielen zu überdreht ist und schon losläuft, bevor der Ball überhaupt fliegt. Ihre Ungeduld, Aufgeregtheit oder grunzenden Aufforderungen ignoriere ich, und der Ball fliegt erst, wenn Mrs Buddy sich wieder beruhigt hat. Sie hat verstanden, dass das Spiel nur weitergeht, wenn sie sich neben mich setzt.

Warum klappt es mit dem Training auf dem Hundeplatz und sonst nirgends?

Hyggeli: Im Welpenkindergarten glänzte ich beim Training als Vorzeigehund. Man muss mir nur genügend Zeit lassen, dann verstehe ich, was mein Mensch will, und kann die Kommandos vortrefflich ausführen. Ich lerne etwa in dem Tempo, in dem mein Frauchen Nelli genüsslich Lakritzschnecken aufrollt, aber es macht mir Spaß – ein Lob nach dem anderen. Auf dem Hundeplatz schwebten mein Frauchen Nelli und ich im Glück. Sie hatte nicht erwartet, dass ein großer Wolfshund wie ich sich so leicht erziehen lässt. Doch als Nelli meinem Herrchen Peer zu Hause vorführen wollte, was ich alles Tolles gelernt hatte, verstand ich nicht, was sie von mir wollte. Ich habe einfach irgendetwas gemacht und spürte, dass Nelli nicht zufrieden war. Aus „Sitz" wurde „Platz", auf „Hierher" reagierte ich zunächst gar nicht mehr. Was soll ich da noch mal machen? Käsesnacks aus der Tasche klauen? Nö, das war falsch. Flach auf den Boden schmeißen? Auch nicht. Ich lege mich jetzt mal schlafen. Vielleicht fällt es mir danach wieder ein oder meine Kumpel aus dem Club der weisen Hunde kennen die Antwort.

Club der weisen Hunde:

Das, was Hyggeli beschreibt, passiert häufig. Mehrere Umstände kommen zusammen. Der wichtigste Grund ist: Wir Hunde lernen im Kontext und durch Assoziation. Wir verknüpfen Signale mit einem Ort, einem speziellen Umstand oder sogar mit einem bestimmten Menschen. Es ist nicht so, dass wir Hunde nach dem Training alles vergessen haben, bockig sind und Frauchen und Herrchen ärgern wollen. Wir müssen ein neues Kommando an vielen unterschiedlichen Orten in veränderten Situationen immer wieder üben, bis wir es aus dem Effeff beherrschen. Auf dem Hundeplatz gibt es wenig Ablenkung. Der Mensch konzentriert sich, gibt klare Signale. Wir Vierbeiner sind auch bei der Sache und schnüffeln nicht mal eben lustig in der Gegend herum. Hyggeli war zudem ausgepowert nach dem anstrengenden Hundetraining und konnte sich zu Hause nicht mehr konzentrieren.

Können sich Hunde gegenseitig „unterrichten"?

Frieda: Ich bin der Neuzugang in Christianas Haus und lebe dort mit dem lieben Irish Setter Wölkchen. Vermutlich bin ich ein rumänischer Herdenschutzhund mit „noch was drin". Als ich einzog, hielt sich meine aus dem Tierheim mitgebrachte Erziehung in Grenzen, meine Kenntnis des Hunde-Knigge auch. Ich lerne leicht und gern, wenn mir jemand etwas vormacht und zeigt, wie es geht. Am einfachsten ist für mich, mir bei Wölkchen etwas abzugucken. Er ist ein hervorragender Lehrer, ein souveräner, kluger und weiser alter Hund. Ich war sehr wasserscheu, gelinde gesagt, bis ich gesehen habe, mit wie viel Freude sich Wölkchen in die Fluten wirft. Hmm. Langsam tastete ich mich erst mal mit den Pfotenspitzen an das kühle Nass heran. Dann bis zu den Knien. Meine Angst verschwand nach und nach. Eigentlich ist es sehr erfrischend. Ich will noch nicht ins tiefe Wasser. Mit Boden unter den Pfoten fühle ich mich sicherer. Aber ich werde immer mutiger. Im nächsten Sommer mache ich vielleicht einen Kopfsprung.

Wir Hunde lernen gut durch Abschauen, zum Beispiel den beherzten Sprung ins kühle Nass.

Wölkchen hat mich auch davon überzeugt, dass nicht jeder fremde Hund böse Absichten hat. Ich muss Hunden nicht drohen und mich kräftig in die Leine schmeißen, um sie zu verjagen. Freundlich grüßen und weitergehen ist durchaus eine Option. Stressfreier. Und das Coolste, was ich von meinem tierischen Freund gelernt habe: Chillen. Nichts tun. Träumen.

Alle viere von mir strecken. Ich war immer unter Hochspannung, total hyperämisch – auf gut Deutsch: zu stark durchblutet. Jetzt kann ich die Ruhe genießen, bin nicht mehr ständig in Alarmbereitschaft und werde Tag für Tag entspannter. Ich komme langsam in meiner neuen Familie an, finde Vertrauen und Sicherheit.

Soll ich meinem Hund eine neue Übung vormachen, damit er sie besser versteht?

Mrs Buddy: Manchmal ist Nina echt schräg drauf. Da war die Sache mit dem … ich es nenne es mal „Something" – was weiß ich, was das war. Ich näherte mich vorsichtig dem unbekannten Something. Sah aus wie ein Zweig, hatte aber keine Blätter. War bockelhart und roch nach nichts Besonderem. Ein neues Spielzeug? Pikste das vielleicht? Es rührte sich nicht, machte keinen Mucks. Ich konnte es zum Herumrollen bringen, wenn ich es mit der Tatze anstieß. Und weiter? Was sollte ich damit machen? Komisch. Noch bevor ich zu einem abschließenden Ergebnis kam, was es mit Something auf sich hatte, nahm Nina mir das Ding weg und steckte es sich in den Mund. Ach neeee, Frauchen, nicht dein Ernst, oder? Aha, das war was zum Fressen. Wäre ich früher oder später selbst draufgekommen. Oh, Frauchen verdrehte die Augen, machte eine Grimasse, plusterte

die Backen auf und gab mir Something zurück. Ach, Frauchen, gib's zu: Du wusstest selbst nicht, was Something ist.

 Frauchen ergänzt:

Es war ein Stück Hirschgeweih! „Der ultimative, köstliche, lang anhaltende Kauspaß", versprach die Werbung. Na ja, Geschmacksache. Mrs Buddy hatte noch nie zuvor ein Geweih gesehen und war irritiert. Was tut man nicht alles, um dem eigenen Vierbeiner das Lernen zu erleichtern? Hunde lernen schnell durch genaues Beobachten und Nachahmen anderer Hunde oder Menschen. Ein Hund wird das Verhalten des anderen aber nur imitieren, wenn die Chemie stimmt. Vertrauen zu seinem Lehrer, Bindung und Respekt sind die Voraussetzungen. In guten Hundeschulen werden zum Training deswegen souveräne Althunde eingesetzt, die Welpen und Junghunde angstfrei durch ungewohnte Situationen führen. Man nennt das „Lernen am Modell".

Wenn im Oberstübchen die Stühle verrückt sind – Kopfchaos und Herzgefühl

Hilfe! Kann es sein, dass mein Welpe seine Erziehung vergessen hat?

Rocky: Nein, da kann ich dich beruhigen. Dein kleiner Hund ist wahrscheinlich entweder in der Fremdelphase oder er pubertiert schon. Während diesen Zeiten sind unsere Synapsen auf Freizeit und Durchzug gepolt. In der Fremdelphase haben wir plötzlich vor allem Möglichen Angst, was wir eigentlich schon gut kennen. Das ist bei den meisten Welpen zwischen der 12. bis 16. Lebenswoche so. Der nette Schäferhund von nebenan, der uns noch nie etwas getan hat, wirkt auf einmal bedrohlich. „Hoffentlich erschlägt mich die Mülltonne nicht. Bin ich in meiner Höhle noch sicher? Huch, die Stufe ist aber hoch. Schaffe ich das? Nein, bleibe ich lieber mal hier unten sitzen." Solche Gedanken haben mich in dieser Zeit beschäftigt. Wir sind unsicher oder haben Angst vor Orten, Menschen und Ereignissen. Das stresst uns derartig, dass wir jetzt nicht auch noch neue Dinge lernen können. Drei Tage

Null Bock auf gar nichts – in der Pubertät kann es schon mal passieren, dass wir so drauf sind.

Foto: Shutterstock.com/NK

109

bis zu vier Wochen kann das so gehen. Das Ganze passiert noch mal, wenn wir in die Pubertät kommen: wieder Notstand im Hirn.

Bruno: Die Fremdelphase und meine schlechte Welpenzeit waren schon verwirrend und beängstigend genug, aber was jetzt gerade in meinem Körper passiert, übersteigt meine Vorstellungskraft. Gerade haben wir noch meinen ersten Geburtstag gefeiert. Mein Frauchen Carlotta und Herrchen Marvin waren stolz, dass ich nicht mehr so ein Angsthase war wie früher und es ihnen mit Engelsgeduld gelungen war, mir die Grundspielregeln beizubringen. Als ich bei ihnen einzog, wäre ich auch als Anführer der globalen Hooligans-Bewegung durchgegangen. Ich kannte keine Anstandsregeln, war ein rhetorischer Totalausfall und meine Ängste verschanzten sich hinter bösartiger Aggression. Das alles schien der Vergangenheit anzugehören. Aber jetzt?

Bei mir haut es gerade alle Hirnleitungen raus, wenn ich einen Gully sehe. Da sind sie wieder, die Gitterstäbe aus meinem Käfig. Manche Dinge vergisst man, manche nie. Ich weiß auch nicht, was trauriger ist. Wenn ein fremder Hund bellend auf mich zukommt, werde ich zum Leinenrambo mit Terminatorabsichten. Ich verhalte mich wie ein verpickelter YouTuber mit Zahnklammer, der sich übermütig wie ein Medienstar aufführt, die Hosen aber gestrichen voll hat und selbst nicht weiß, wie ihm geschieht. Carlotta sagt, früher hätte man Pubertätspickel mit Clearasil beträufelt. Heute geht man ins Innere der Seele und Herrchen hat für mich drei Doppelstunden beim Tierpsychologen gebucht. Musst nicht denken, dass das ausgereicht hätte. Was auch immer Frauchen von mir will, ich bin grundsätzlich dagegen. Ausnahmslos. Weil? Weiß ich nicht. Ich sehe nicht ein, dass ich nicht mehr ohne die Drecksleine rausdarf. Gestern war ich noch überzeugt, ich könnte locker über den zwei Meter hohen Gartenzaun springen. Heute ist das Kniegelenk ausgekurbelt und ich trage Verband. Unerhört ist das Spielverbot mit den Kindern auf der Hüpfburg. Bei der Hirnstoffwechselkontrolle falle ich durch, mein Verständnis für alternative Verhaltensweisen oder gar neue Methoden ist

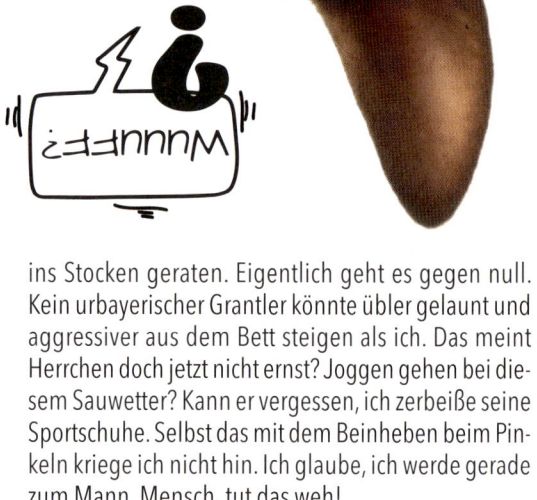

ins Stocken geraten. Eigentlich geht es gegen null. Kein urbayerischer Grantler könnte übler gelaunt und aggressiver aus dem Bett steigen als ich. Das meint Herrchen doch jetzt nicht ernst? Joggen gehen bei diesem Sauwetter? Kann er vergessen, ich zerbeiße seine Sportschuhe. Selbst das mit dem Beinheben beim Pinkeln kriege ich nicht hin. Ich glaube, ich werde gerade zum Mann. Mensch, tut das weh!

Woran merke ich, dass mein Hund in der Pubertät ist?

Simba: Das geht meist zwischen dem fünften und achten Lebensmonat los, bei manchen Hunden auch erst ab dem zwölften Monat. Bei mir war es noch später: mit eineinhalb Jahren. In der Null-Bock-Phase verweigern wir Gehorsamkeit, vergessen unsere gute Kinderstube, können oder wollen nicht lernen. Das ist nicht nur eine harte Zeit für euch Menschen. Auch für uns steht die Welt auf dem Kopf. Unsere Stimmungsschwankungen geben uns Rätsel auf, wir handeln impulsiv, sind stressanfälliger, manchmal auch aggressiv und angriffslustig. Die gute Nachricht ist: Es geht vorbei und wir haben nichts von dem vergessen, was ihr uns beigebracht habt. Es ist nur gerade nicht abrufbar. Also atme tief durch, sei lieb zu deinem pubertierenden Hund und nachsichtig. Das wird schon wieder.

Bei uns Rüden merkst du, dass wir in die Pubertät kommen, wenn wir anfangen, das Bein zum Pinkeln anzuheben. Wir wollen unsere Botschaften verbreiten, sind unglaublich wichtig und mächtig. Wir sind die tollen Hechte, die dafür sorgen wollen, dass es noch viele weitere Prachtkerle wie uns geben wird. Die Damen werden zum ersten Mal läufig. Der Körper stimmt sich auf Nachwuchs ein. Die Pubertät schlägt nicht bei jedem Hund mit gleicher Heftigkeit zu. Wenn du viel Glück hast, verhält sich dein Hund mehr oder weniger normal.

Futter ist nicht alles, auch unser Lieblingsspielzeug ist zum Beispiel eine tolle Belohnung.

Frauchen ergänzt:

Wenn Ihr Hund in der Fremdelphase oder Pubertät ist, stagnieren Lernvorgänge. Gerade passiert so viel in seinem Körper, was er selbst nicht versteht. Er ist in dieser Zeit gestresst, durcheinander und schlichtweg nicht in der Lage zu lernen. Es ist vergebene Liebesmühe, wenn Sie jetzt versuchen, ihn zu erziehen. Sie müssen sich nicht alles von ihm bieten lassen, aber bleiben Sie liebevoll, ruhig und konsequent. Aussitzen ist die Devise. Keine Sorge, es war nicht alles umsonst. Ihr Hund hat seine gute Welpenstube nicht vergessen. Nichts wird gelöscht! Alles Gelernte ist noch da und kann reaktiviert werden.

Funktioniert ein Leckerli immer als Belohnung?

Happy: Durch was sich dein Hund am besten motivieren lässt, ist ganz individuell. Das hängt von der Befriedigung seiner Grundbedürfnisse und der Situation ab. Wie wichtig sind ihm beispielsweise gerade Futter, Beute, Schlaf, Anerkennung, Zuwendung oder auch Sicherheit? Eine Nascherei funktioniert also nicht immer. Wenn ich im Angsttunnel stecke, beim Menschenretten zu aufgeregt oder ausgepumpt bin, kann mich kein noch so schmackhaftes Käsehäppchen und Wurststückchen animieren. Mein Freund, der Labradormix Sir Henry, hat hingegen immer ein offenes Maul. Ich kenne ein paar Jagdhunde, für die ist ein kurzes Beute- und Jagdspiel der Gipfel der Motivation. Für mich sind die größten Belohnungen Schlafen und Chillen. Einfach auf unserer Veranda im Halbschatten dösen. Nichts tun müssen, das ist riesig.

Simba: Ich finde, dass so ein Minihappen oft überschätzt wird. Ich bin nicht so verfressen. Es bedeutet mir mehr, wenn mein Frauchen Sofia mir Anerkennung und Zuneigung schenkt. Eine kleine Streicheleinheit zwischendurch, das tut gut. Sofia hat unterwegs meist gar keine Snacks für mich dabei. Wie willst du einen Hund, der für ein Sitz am Straßenrand immer ein Leckerli bekommt, zum gleichen Verhalten motivieren, wenn du mal nichts in der Tasche hast? Und, wie Happy schon erklärt hat: Wenn wir Hunde im Vollstress sind, können nur die wenigsten von uns etwas mit einem Leckerli anfangen. Überleben und nicht verletzt werden sind uns in diesem Moment wichtiger als Nahrung.

Frauchen ergänzt:

Eine Belohnung wird zur positiven Verstärkung einer Handlung eingesetzt. Das kann eine Nascherei sein, aber auch ein dickes Lob oder eine Streicheleinheit. Der Hund entscheidet, was und in welcher Situation für ihn eine Belohnung darstellt und was nicht. Für manch einen Hund ist es ein Hauptgewinn, wenn das Zerren an der Leine aufhört oder er ausgelassen mit seinen Menschen und Artgenossen spielen darf. Andere Hunde genießen es, in Ruhe ein Nickerchen machen zu dürfen, ohne von Katzen, Hamstern oder Kindern gestört zu werden. Normalerweise lernt der Vierbeiner schnell, welche Handlung sich für ihn auszahlt. Er wird diese deswegen häufiger zeigen.

Wie schaffe ich es, dass das neue Kommando zu jeder Zeit und überall klappt?

Rocky: Au ja, das möchte ich dir liebend gern erklären. In der Hundeschule war ich als Streber und Dippelschisser verschrien, aber das störte mich nicht. Mein Hang zur Perfektion, meine rasche Auffassungsgabe und mein stark ausgeprägter „Will to please" lösten unbeschwerte Freude bei meiner Trudy aus. Ich folge aufs Wort und verrate dir hier ein paar Tricks, wie ich gelernt habe, „Bleib" zu verinnerlichen und das gewünschte Verhalten zuverlässig anzuzeigen, egal, wo und wann. Das klappt mithilfe der fünf Erfolgsfaktoren. Ich nenne sie mal: die „magischen Fünf".

1. Dauer

Mit „Dauer" ist hier die Zeitspanne gemeint, in der der Hund ein bestimmtes, gewünschtes Verhalten zeigt, bis er dafür belohnt wird. Zu Beginn übten wir zu Hause, ohne große Ablenkung. Ich schaffte es anfangs nur ein paar Sekunden, im „Bleib" auszuharren. Nach genügend Wiederholungen verlängert sich die

Zeitspanne nach und nach. Am Ende gibt es eine Belohnung. Trudy ging immer erst zum nächsten Schritt über, wenn ich den derzeitigen Schritt mehrfach zuverlässig beherrschte. Manche Hunde benötigen nur drei Wiederholungen, andere müssen es 20-mal üben. Das macht nichts. Wichtig ist nur, dass dein Hund das Tempo vorgibt. Wenn Trudy merkte, dass ich mich nicht mehr konzentrieren konnte, legte sie eine Pause ein. Anschließend machte sie die Übung „Bleib" zum Abschluss noch einmal mit mir, und zwar nur so lange, wie ich es beim letzten Mal locker aushalten konnte. Für uns Hunde ist es von großer Bedeutung, das Training mit einem Erfolgserlebnis abzuschließen. Dann kannst du beim nächsten Training genau dort wieder ansetzen und deinen Hund ein paar Sekunden länger im „Bleib" lassen. Das gilt für das Erlernen aller neuen Signale: Immer aufhören, wenn es am schönsten ist.

2. Distanz langsam erhöhen

Als ich schon recht gut im „Bleib" ausharren konnte, vergrößerte mein Frauchen Trudy die Distanz zwischen uns. Erst ging sie nur einen Schritt rückwärts, blieb aber in Sichtweite. Dann entfernte sie sich immer weiter weg von mir. Wenn Trudy in die Hände klatschte und „Komm!" rief, durfte ich zu ihr flitzen. Die Königsdisziplin ist, wenn Frauchen sich außer Sichtweite versteckt. Für dieses Ausharren gab's im Training immer ein Mega-Jackpotleckerli.

3. Ablenkung

Auf dem Hundeplatz und zu Hause gibt es wenig Ablenkung und alle konzentrieren sich auf das Training. Deshalb funktioniert das neue Signal dort auch meist besser und schneller. Das ist aber im wahren Leben nicht so. Wir Hunde werden durch alle möglichen Reize aus dem Konzept gebracht. Es wird immer schwieriger, den Fokus auf „Bleib" zu halten. An der Haustür klingelt es, die Stimmen aus dem Kinderzimmer werden lauter, der Küchenmixer wird gestartet usw. Draußen kommen noch mehr Reize dazu: ein Fahrradfahrer, ein hüpfendes Kind, ein hoppelnder Hase, muhende Kühe, andere Hunde, Autogeräusche, uii – ein Ball! Muss ich schnell mal hinterher. Für einen Perfektionisten wie mich war es ärgerlich, dass ich das „Bleib" nicht in jeder Situation sofort hingekriegt habe.

Neue Übungen wie „Sitz und bleib" lernen wir am besten, wenn du die magischen fünf Erfolgsfaktoren berücksichtigst. Dazu gehört: erst mal ganz einfach und aus der Nähe beginnen.

Foto: Shutterstock.com/ABO PHOTOGRAPHY

Aber: Hinfallen, aufstehen, Krönchen richten, weitermachen! – ist mein Motto. Übung macht den Meister.

4. Kontextänderung

Jetzt ist es noch erforderlich, das neue Kommando an unterschiedlichen Orten auszuführen. Auch wenn ich zu Hause schon zuverlässig ins „Bleib" gehe, heißt das nicht, dass ich das auch an der Bordsteinkante verstehe. Es ist eine andere Situation, in der ich das Signal noch nicht zuordnen kann. Der Kontext hat sich geändert. Ich habe Frauchen beim ersten Mal verdattert angeschaut. Sie merkte, dass „Bleib" noch nicht hundertprozentig abgespeichert war. Also galt: Wieder von vorn üben mit kleinen Variationen.

5. Schwierigkeitsgrad

Sobald du einen oder mehrere der magischen Faktoren eins bis vier veränderst, erhöht sich automatisch der Schwierigkeitsgrad einer Übung. Die ultimative Herausforderung für mich war später, eine komplette Handlungskette aufzubauen. Dafür musste ich viele unterschiedliche Aktionen nacheinander in der richtigen Reihenfolge ausführen. Trudy und ich haben das wochenlang auf einem Agilityparcours geübt. Es ist hochkomplex und eine hündische Meisterleistung, sich so viele Hindernisse und Lösungswege in korrekter Folge zu merken. Ich verrate dir noch etwas: Es sollte nie so weit kommen, dass dein Hund beim Üben bockig und frustriert wird. Falls er sich denkt: „Wenn das die Lösung meines Problems ist, will ich mein Problem zurück", läuft was schief. Egal, was du mit ihm übst, es muss euch beiden Spaß machen und darf nicht in Zwang ausarten.

Frauchen ergänzt:

Die „magischen Fünf" sind fünf Faktoren, die Sie im Training nutzen können, um die Ausführung eines neuen Signals „bombensicher" zu machen. Dabei geht es darum, die fünf Faktoren einzeln oder schrittweise zu kombinieren und zu verändern. So wird dasselbe Signal variiert und Ihr Hund lernt, sein Verhalten auch bei Veränderungen zuverlässig zu zeigen. Im Englischen spricht man von den „fünf D":

Duration .... Dauer
Distance .... Distanz
Distraction .... Ablenkung
Diversity .... Kontextänderung/Ort
Difficulty .... Schwierigkeitsgrad

Immer behutsam Stück für Stück, damit Ihr Hund den Spaß nicht verliert und nicht überfordert wird. Ihr Hund gibt das Tempo beim Lernen vor. Das Training beenden Sie stets mit einem Erfolgserlebnis, damit Ihr Hund beim nächsten Mal mit viel Eifer dabei ist.

Warum kriegt mein Hund die neue Übung nicht in den Kopf?

Rasmus: Das ist eine schwierige Frage, denn es gibt viele Gründe, warum uns Hunden das Lernen zeitweise so schwerfällt oder es überhaupt nicht klappt. Manchmal können Schmerzen oder Krankheiten dahinterstecken. Als meine Freundin Mrs Buddy einen Kreuzbandriss hatte, tat es ihr höllisch weh, „Sitz" zu machen. Hinlegen und aufstehen waren auch keine Freude. Also vermied sie diese Bewegungen, so gut es ging. Der Zahnwechsel ist für manche Fellschnauze problematisch. In solchen Zeiten ist unser Hirn so sehr mit unserem Körper beschäftigt, dass kein Platz ist, etwas zu lernen. Manchmal spinnen

wir auch, weil unsere Hormone sich im Ausnahmezustand befinden: In der Fremdelphase, in der Pubertät, beim Geruch läufiger Hundedamen oder beim Unterdrücken anderer Begehrlichkeiten. Emotionen können unsere Lernfähigkeit ebenfalls prächtig durcheinanderwürfeln. Stress, Frust, Angst und Furcht oder ein Übergriff unserer tierischen Instinkte blockieren unsere Aufnahmefähigkeit. Bei manchen Hunden sitzt die Ursache viel tiefer. Sie haben als Welpen und Junghunde, so wie der Airdale Terrier Bruno, nicht genügend Lernerfahrungen mit Menschen oder Vierbeinern gemacht, sie wurden nicht gefordert und sind daher heute schnell überfordert.

Dann gibt es noch Hunde, die prinzipiell die Sinnhaftigkeit neuer Signale hinterfragen. Happy, Chantal und ich sind so. Wenn du von mir verlangst, einen Ball aus dem Wasser zu apportieren, dann habe ich ein großes Fragezeichen der Sinnlosigkeit in meinem Gesicht. Dafür verschwende ich keine Energie. Du wirst einem Kangal wie mir auch nur schwer beibringen können, durch bunte Reifen zu springen. Wofür auch?

Ach ja, mir fällt noch ein Grund ein. Es liegt nämlich gar nicht immer nur an uns, wenn wir ein Signal nicht verstehen. Mein Herrchen Guido steht auch oft auf der Leitung oder weiß selbst nicht so genau, was er von mir erwartet. Wenn Herrchen nicht weiß, was er von mir will, wie soll ich es dann wissen?

Foto: Shutterstock.com/Masarik

Du kannst dazu beitragen, dass wir auch im Alter geistig fit bleiben, indem du unser Gehirn regelmäßig forderst.

Foto: Archiv Golli/Michael Fischer

Können Hunde Alzheimer bekommen?

Wölkchen: Ja, schon, aber bei uns heißt die Erkrankung nicht Alzheimer, sondern … Herrje, jetzt fällt mir der Name nicht mehr ein. Irgendetwas mit kognidogtiert oder kognitive Falschfunktion? Was soll's? Vielleicht erinnere ich mich später. Jedenfalls sind die Auswirkungen so ähnlich wie bei Alzheimer.

Alte Hunde haben, wie auch betagte Menschen, ein kleineres Gehirn. Ein „Althirn" kann bis zu 25 Prozent leichter sein. Das hängt damit zusammen, dass die Verbindungen zwischen unseren Nervenzellen brüchig werden und langsam zerbröseln. Unser Hirncomputer ist nicht mehr richtig vernetzt, was sich auf unser Gedächtnis, auf unsere Lernfähigkeit und somit auch auf unser Verhalten auswirkt. Ich habe ab und zu ein paar Fehlzündungen im Kopf, aber Frauchen sorgt

dafür, dass mein Oberstübchen nicht einrostet. Ich erfinde neue Strategien, lerne etwas, begebe mich auf unbekannte Pfade und schaue, dass ich viel Unterhaltung habe. Und nun gibt es auch noch die kleine Mischlingshündin Frieda, der ich jeden Tag neue Dinge beibringe. Aber ich muss zugeben: Ich bin jetzt in einem Alter, in dem mir mein Körper am nächsten Tag leise ins Ohr flüstert: „Mach das nie wieder, Wölkchen!"

Valina: Letztens war ich mal wieder in meiner Hundepension, als Angie für eine Woche auf Geschäftsreise musste. Die Eigentümer der Hundepension haben selbst vier Hunde. Super erzogen und lieb. Einer davon, ein Yorkshire Terrier namens Tamtam, ist mittlerweile schon 14 Jahre alt. Seine Freundin Holly, ein riesiger Mischling aus Wolfshund und „Irgendetwas", ist zehn Jahre alt. Beide werden immer komischer und verlieren leicht die Orientierung. Holly war vor ein paar Jahren die Nummer eins in der Hundepension und konnte viele Tricks, die sie uns beibrachte. Jetzt erinnert sie sich an die meisten Tricks nicht mehr und verirrt sich manchmal sogar auf der Hundewiese, auf der sie ihr Leben lang gespielt und getobt hat. Holly vergisst immer häufiger, dass sie pieseln muss, und lässt es im Haus laufen. Das wäre ihr früher nie passiert. Das eigene Nest beschmutzen ist doch tabu. Nachts schläft sie schlecht und tapst im Dunkeln durch die Hundepension.

Tamtam war früher die Ruhe selbst, ein ausgeglichener und fröhlicher Hund. Er bellt nun sehr viel und regt sich auf, wenn andere Hunde aus der Pension zu wild spielen. Er ignoriert neue Hunde und möchte tagsüber am liebsten nur noch schlafen. Zur Futterzeit ertönt eine Glocke und wir alle laufen zu unseren vollen Näpfen. Tamtam war immer der Erste. Jetzt schaut er nur noch verständnislos den anderen Hunden nach und sieht keinen Zusammenhang zwischen dem Glockensignal und dem Futter. Er zeigt keine Reaktion, wenn man ihn beim Namen ruft. Ob er sich an seinen Namen nicht erinnert oder sein Gehör schlapp macht, weiß ich nicht. Vielleicht auch beides.

Aber so ist das nun mal im Seniorenclub. Irgendwann lässt unsere Sprühkraft nach. Eine große Hündin wie Holly mit zehn Jahren kann man mit einer Menschenoma im Alter von 94 Jahren vergleichen. Und der kleine Yorkshire Tamtam hat, wenn man es so rechnet, auch schon 76 Jahre auf dem Buckel. Da darf man mal Kleinigkeiten vergessen.

 ### Frauchen ergänzt:

Bei Hunden spricht man vom Kognitiven Dysfunktionssyndrom. In Autopsien wurde die gleiche Art von degenerativen Hirnschäden wie bei Menschen mit Alzheimer gefunden.
Der Hund ist orientierungslos, kann sich nicht an alltägliche Dinge erinnern, wirkt verwirrt und verloren. Das Schlafverhalten kann sich ändern. Nachts schläft er weniger und irrt stattdessen im Dunkeln umher. Manche Hunde wollen nicht mehr gestreichelt werden, vermeiden jegliche Interaktion. Sie vergessen, sich draußen zu lösen, und sind drinnen nicht mehr stubenrein.

Lebensjahre Hund	IN MENSCHENJAHREN		
	Hund bis 15 kg	Hund bis 40 kg	Hund über 40 kg
1	20	18	14
2	28	27	22
3	32	33	31
4	36	39	40
5	40	45	49
6	44	51	58
7	48	57	67
8	52	63	76
9	56	69	85
10	60	75	94
11	64	80	100
12	68	85	
13	72	90	
14	76	95	
15	80	100	
16	84		
17	88		
18	92		
19	96		
20	100		

Hier kannst du nachschauen, wie alt dein Hund ungefähr in Menschenjahren ist.

Nach Menschen-Zeitrechnung bin ich jetzt schon fast 70 Jahre alt, aber spätestens, wenn Nina den Ball auspackt, ist das total vergessen.

Foto: shutterstock.com/Maksym Fesenko

Wie alt ist mein Hund in Menschenjahren?

Lady: Früher sagte man, ein Hundejahr entspräche sieben Menschenjahren. Heute unterscheidet man nach Gewicht und Größe der Hunde. Große Hunde entwickeln sich in den ersten Lebensmonaten viel langsamer als kleine Hunde. Wir kleinen Vierbeiner werden meist älter als unsere großwüchsigen Kollegen. Allerdings ist es bei uns Hunden genauso wie bei den Menschen: Unser Alterungsprozess hängt stark von der individuellen Fitness ab, von der Ernährung und

Lebensweise sowie von unserem psychischen Zustand und den allgemeinen Lebensumständen. Auch Erbkrankheiten spielen eine Rolle. Schau dir nur mal meine beiden Freunde aus dem Altherrenclub an. Goldie Rocky und Irish Setter Wölkchen sind, in Menschenjahren gerechnet, beide jenseits der 85. Rocky führt sich mit den kleinen Kindern in seiner neuen Familie gerade auf wie ein übermütiger Teenager. Wölkchen vergisst seine Wehwehchen, weil ihm die vorwitzige Frieda neue Lebensfreude einhaucht. Ich bin nach eurer Zeitrechnung erst 56 Jahre alt, die beste letzte Hälfte kann kommen. Schau doch mal in der Tabelle nach, wie alt dein Hund in Menschenjahren ungefähr ist.

117

Sex, Drugs
& Rock 'n' Roll

Mrs Buddy: Ich habe dir noch gar nicht erzählt, wie wir zur Auswahl der Fragen gekommen sind, die wir für dich in „Mensch, frag mich doch einfach!" unter die Lupe genommen haben. Mein Frauchen Nina hat über zwei Monate im Internet recherchiert, was euch Hundefreunde am meisten bewegt und welche Artikel in den führenden Hundezeitschriften am häufigsten gelesen werden. Weil Nina so eine detailverliebte Perfektionistin ist, hat sie in einem Ranking über 300 Fragen nach deren Häufigkeit ausgewertet. Meine Freunde aus dem Club der weisen Hunde und ich haben dann die Top 150 Fragen beantwortet. Wir hätten gerne viele weitere spannende Aspekte beleuchtet, aber so ein Buch hat nun mal nur eine begrenzte Anzahl von Seiten. Na ja, macht nichts, vielleicht gibt es einen zweiten Band?

Im Folgenden erfährst noch mehr darüber, was wir Hunde mögen und tun – oder auch nicht: Warum eigentlich wälzen wir uns gern in allem, was stinkt, und klauen Pferdeäpfel? Liegt im Kot und Urin die Wahrheit? Weißt du, warum so mancher Hund die Stubenreinheit auf die lange Bank schiebt?

Warum finden wir Socken und Schuhe so anziehend und machen sie trotzdem kaputt? Wieso werden wir zu Leinenrambos? Woran erkennst du, ob wir Hunde nur ausgelassen spielen oder ob gleich die Fetzen fliegen? Gibt es Hunde-Mobbing? Und warum glänzen unsere Manieren zeitweise durch Abwesenheit?

Sind wir Hunde die wahren Gourmets? Gibt es verbotene Früchte im Hundeparadies? Warum pupsen manche Hunde so viel und wieso dreht es dem einen oder anderen Vierbeiner im wahrsten Wortsinn den Magen um?

Und zu guter Letzt: Welche Bedeutung nimmt Sex in unserem Leben ein? Warum soll man Hunde im Sexrausch nicht stören? Sind wir Hündinnen immer gern bereit zu vögeln? Gibt es homosexuelle Hunde oder nicht?

Das große Kotgeschäft und gelbe Flecken

Wir finden das auch nicht toll, aber so ein Missgeschick kann schon mal passieren.

Warum macht mein Welpe eine Pfütze ins Wohnzimmer, obwohl wir gerade Gassi waren?

Mrs Buddy: Oh, das ist mir auch schon passiert. Wir kamen von einer spannenden Gassirunde zurück. Alles war so aufregend. Die vielen neuen Gerüche, meine Hundekumpel … Mein Frauchen Nina hat Tannenzapfen versteckt und sich immer ganz doll gefreut, wenn ich sie gefunden habe. Ich hatte gar keine Zeit, meine Geschäfte zu verrichten, und hatte es total vergessen.

Kaum waren wir im Haus, fiel es mir wieder ein und ich trabte brav zurück zur Tür. Aber mein Frauchen bemerkte das nicht. Boah, mir quollen schon fast die Augen raus. So ein Druck. Lange konnte ich das nicht mehr aushalten. Ich schubste Nina an, lief im Kreis, verdrehte meine Kulleraugen, nichts half. Sie war damit beschäftigt, mein Futter zuzubereiten. Und dann ging's nicht mehr, ich strullerte drauflos – eine Riesenpfütze.

Eigentlich hatte ich längst kapiert, dass meine „Geschäftsstelle" draußen ist und das Haus eine einzige rote Zone. Als ich vom Züchter kam, war ich fast schon stubenrein. Manchmal passierte es aber doch noch. Mein Frauchen war ziemlich sauer, als sie den Boden wischte. Ich wollte den Putzlappen klauen, um ihr zu helfen. Auch das fand sie nicht lustig. Sie ist halt schon sehr pingelig und macht alles lieber selbst.

Bei den nächsten Ausflügen lernte ich zwei Zauberwörter kennen: Pinocchio und Ratatouille. Pinocchio wurde das Lobeswort und Signal zum Pinkeln, Ratatouille stand für das große Geschäft. Jetzt konnte ich es nicht mehr vergessen und Frauchen lobte mich ausgiebig, wenn ich alles erledigt hatte.

Menschen sind uns Hunden manchmal übrigens ähnlicher, als man denkt. Wenn ich frisch gekotet habe,

Foto: Shutterstock.com/New Africa

Club der weisen Hunde:

Es gibt viele Gründe, warum es zu einem Malheur in der Wohnung kommen kann oder dein Hund nicht stubenrein wird: kleine Blase, Gewohnheiten und Präferenzen, Freudenpipi, mangelnde Lernerfahrung, Stress, Unsicherheit, Angst, unangemessene Bestrafung, Krankheiten, Dünnpfiff und Inkontinenz. Beim Gassigehen sind Zeitdruck und Unruhe nicht verdauungsfördernd. Steht Frauchen schon mit der Kottüte in der Hand bewaffnet hinter uns, bevor wir die perfekte Stuhlgangposition eingenommen haben, lassen wir es lieber bleiben. Da erleichtern wir uns dann besser zu Hause in Ruhe und Sicherheit.

Wir Vierbeiner machen das nicht, um euch zu ärgern, sondern weil es nicht mehr anders geht. Das solltest du nie vergessen. Schimpfen ist sinnlos und entfernt auch keine Pfützen. Die Hundenase in die Pfütze zu drücken, wie es manchmal empfohlen wird, ist nicht nur gemein, wir lernen dadurch auch rein gar nichts.

Frauchen ergänzt:

Wenn's drückt, muss es raus. Ein Welpe ist rein physiologisch nicht in der Lage, seine Bedürfnisse länger als ein paar Sekunden einzuhalten. Die Blase ist im Miniaturstatus, sie wächst Monat für Monat. Das Pipi wartet aber nicht, bis Frauchen ihre Schlüssel findet, die richtige Jacke und die passenden Schuhe dazu. „Zauberwörter" sind hilfreich. Ihr Hund versteht zwar ihre Bedeutung nicht, lernt aber schnell, diese mit Handlungen zu verknüpfen. Ich hatte mich bewusst für zwei Wörter entschieden, die im normalen Sprachgebrauch selten verwendet werden. Wer rechnet schon damit, dass es beim Grillen Ratatouille gibt? Überlegen Sie gut, welche Signalwörter Sie aussuchen.

Noch ein Tipp: Machen Sie das Missgeschick im Haus lieber gleich gründlich mit Seifenlauge oder Spezialreiniger weg, damit kein Duft zurückbleibt. Sonst kann es passieren, dass diese Stelle Ihren Hund zum Folgegeschäft animiert. Wenn Sie gar nicht wissen, wohin mit Ihrer Wut: Schreien Sie den braunen Haufen an! Aber unbedingt so, dass Ihr Hund sich dabei nicht angesprochen fühlt.

schaut Nina sich das duftende Etwas genau an. Gut, sie schnüffelt nicht daran, wie ich das tue. Aber sie findet meine Haufen immer so großartig, dass sie diese sogar in einem Tütchen mit nach Hause nimmt. Ich mache ihr jeden Tag mindestens ein solches Geschenk – draußen. Das waren in neun Jahren bisher 4927 Geschenke. Frauchen ist ein Glückspilz.

Die beiden neuen Zauberwörter gingen mir in Fleisch und Blut über. Ob vor dem Schlafengehen oder morgens beim ersten Ausgang: Pipimachen und Koten zum richtigen Zeitpunkt an der richtigen Stelle hatten wir voll im Griff. Bis auf den einen Tag mit dem blöden Missverständnis: Wir waren bei den Nachbarn zum Grillen. Meine Hundekumpel und ich tollten im Garten herum. Plötzlich sagte eine laute kräftige Männerstimme: „Ratatouille, bitte!" Prompt ließ ich meinen Ball liegen, rannte zum nächsten Gebüsch und hinterließ ein prächtiges braunes Paket. Frauchen schrie noch: „Nein! Nicht in Angelas Garten!" Zu spät. Aber dann lachten alle in der Runde und mein Frauchen war ein bisschen stolz darauf, wie gut ich höre. Wie einfach man Menschen glücklich machen kann!

Hilfe! Mein Hund frisst Kot! Warum macht er so was Ekliges?

Amy: Wir haben registriert, dass ihr Menschen nicht auf Kot steht. Ich darf meinem Frauchen Raquel ja nicht mal die Hand abschlecken, wenn ich einen Pferdeapfel genascht habe. Für mich gehört das Aufschlecken von Hinterlassenschaften zu meinen mütterlichen Pflichten. Es war selbstverständlich für mich, nicht nur meine sieben Zwerge nach der Geburt sauber zu halten, sondern auch unser Nest. Bis der Züchter die Reinigungsarbeiten übernahm. Es ist also möglich, dass dein Hund seine Hundemutter nachahmt, wenn er seine Ausscheidungen ordnungsgemäß und gewissenhaft beseitigt. Alles hundsnormal. Neugierde und Erkundungsdrang sind weitere Gründe für eine sorgfältige Kotinspektion. So wie Menschenbabys und Kleinkinder alles mit den Händen antatschen oder noch lieber gleich in den Mund stecken, machen das Welpen etwa ab der dritten Lebenswoche mit der Schnauze.

Frische Pferdeäpfel riechen verführerisch, können aber Reste von Medikamenten enthalten, die für uns gefährlich sind.

Bruno: Eklig finde ich das nicht, aber ich hatte in der Hundeauffangstation keine große Wahl. Unser Zwinger wurde nur selten gereinigt und wir hatten kaum Auslauf im Freien. Die Haufen von mir und den fünf anderen Hunden blieben im Käfig liegen. Wir waren so frustriert und gestresst, dass wir unseren eigenen Kot fraßen und auch den unserer Mitgefangenen. Völlig egal. Bei mir kam schlicht tierischer Hunger dazu. Von der Buchstabensuppe wurde ich nicht satt und oft klauten mir die anderen Hunde meinen Napf. Ich war schon stark abgemagert, mir fehlten Nährstoffe und davon sind selbst in Scheiße noch jede Menge mehr vorhanden als in nichts.

Chantal: Wenn mein Herrchen mir keine Beachtung schenkt, vergnüge ich mich im Gebüsch. Bei genauerer Untersuchung finde ich immer Absonderungen von Menschen oder Tieren. Plötzlich löst sich dann Herrchens Handyfixierung. Tobias schreit aufgeregt und rennt mir hinterher. Aha, jetzt spielt er endlich mit mir.

Hat zwar schlechte Laune, aber geht doch. Komisch: Wenn ich ihm nach solchen Erkundungstouren zu nahe komme, stupst er mich weg. Egal, ich hatte ja meinen Spaß und seine Aufmerksamkeit.

Simba: Der Hund von unserem Nachbarn macht die gigantischsten und wunderschönsten Haufen der Welt. Beim Anblick quellen mir fast die Augen über. Weißt du, in der Massenfutterherstellung werden Farbstoffe, Geruchs- und Geschmacksverstärker und andere unverdauliche Substanzen verwendet. Dadurch verfärbt sich der Kot rötlich und riecht besonders lecker und animierend. Der süßliche Duft entfaltet sich in meiner Nase. Unwiderstehlich. Immer wenn sich mir die Chance bot, hüpfte ich über den Zaun und stibitzte mir etwas davon. Die verschmierte Schnauze und mein Mundgeruch ekelten Frauchen an. Sofia war sehr wütend, dass die Nachbarn sich nicht überreden ließen, die Haufen zu entsorgen. Die Rache war ein zwei Meter hoher Zaun, der die Leckerbissen für mich unerreichbar machte.

Foto: Shutterstock.com/Thorsten Grohse

Frauchen ergänzt:

Hinter übertriebenem Kotfressen kann eine Unterfunktion der Bauchspeicheldrüse stecken. Das Fell des Hundes wird dann struppig und er macht immer größere, schleimige Haufen.

Das Kotfressen ist eine von uns Menschen höchst unerwünschte und keine ungefährliche Angelegenheit. Nicht nur für den kotfressenden Hund, sondern auch für seine Menschen stellt es ein Gesundheitsrisiko dar. Krankheiten können so auf den Hund, auf andere Tiere, aber auch auf Menschen übertragen werden. Beispielsweise zählt der fünfgliedrige Fuchsbandwurm zu den gefährlichsten Bandwürmern für Menschen. Über den Kot des Fuchses werden bis zu 200 Eier pro Tag ausgeschieden. Diese sind so leicht, dass sie weggeweht werden können. Die Übertragung kann also nicht nur über Kotfressen erfolgen, sondern schon beim Einatmen der Eier über die Luft. Die Eier setzen sich auch auf Früchten, Beeren, Pilzen in Bodennähe fest, sind bis zu 190 Tage überlebensfähig und sehr kältebeständig. Allein in München sind etwa 70 Prozent der Füchse vom Fuchsbandwurm befallen. Tückisch ist der Fuchsbandwurm, weil die Infektion bei Menschen oft 10 bis 20 Jahre unbemerkt verläuft und als Leberkarzinom diagnostiziert wird. Die Patienten sterben an Leberversagen. Auch Schädigungen des Hirns und der Lunge treten auf.

Noch etwas zum Thema Pferdeäpfel: In Hundeforen lese ich: „… Pferde sind Pflanzenfresser. Deswegen sind Pferdeäpfel voll mit Nährstoffen und gesund für Hunde." Das trifft möglicherweise auf wild lebende Pferde zu. Pferde in unseren Breitengraden werden jedoch mit Pharmazeutika behandelt. Insbesondere kann der Kot von frisch entwurmten Pferden zur Gefahr werden. Die für manche Hunde hochgiftigen Wirkstoffe wie Moxidectin und Ivermectin werden über Kot und Urin abgegeben. Also – Schnauze weg von Pferdeäpfeln.

Foto: shutterstock.com/Kasefoto

Was bedeutet „Schlittenfahren" bei Hunden?

Valina: Wenn ich mit meinem Hinterteil am Boden entlangrutsche – so sieht hündisches Schlittenfahren aus –, ist das nicht etwa die Generalprobe für eine neue Gangart, sondern ich will mir damit Erleichterung verschaffen. Als Welpe hat mir mal der ganze Popo gejuckt. Das war sehr unangenehm und hat nach Verfaultem gerochen. Ich hatte mir Würmer eingefangen. Vermutlich zu viel aus Pfützen geschlabbert. Auch falsche Ernährung, Durchfall oder zu harte Presshäufchen können zu Verstopfungen und Entzündungen unserer sonst so verführerisch duftenden Analdrüsen führen. Es bilden sich Bakterien und das juckt genauso wie bei Wurmbefall. Das kann in jedem Alter passieren, nicht nur bei Welpen. Normaler Kot ist bei uns übrigens dunkelbraun und fest genug, um ihn problemlos in ein Geschenktütchen zu packen.

Ach ja, mein Frauchen Angie kam mal auf die Idee, meine Analdrüsen selbst auszuquetschen. Das ist nicht nur eine duftende Herausforderung für Frauchen, wenn man es falsch macht, tut es uns weh und unser Popöchen kann sich noch stärker entzünden. Lass es lieber den Tierarzt machen.

Warum dreht sich mein Hund im Kreis, bevor er sein Geschäft macht?

Einstein: Mit dieser Frage haben sich Wissenschaftlerteams beschäftigt. Die Antwort hätte ich ihnen gleich geben können. Wir tänzeln um uns selbst herum und checken die Gegend, um genau zu prüfen, ob sich irgendwo ein Feind versteckt. Bevor wir schlafen gehen, drehen wir uns aus demselben Grund im Kreis – und natürlich auch, um die bequemste Schlafposition zu finden. Beim Tagesgeschäft unter freiem Himmel kommt ein wichtiger Aspekt dazu, der mittlerweile als bewiesen gilt. Wenn möglich, drehen wir uns so, dass wir in Nord-Süd-Richtung positioniert sind. Das hängt mit den Erdmagnetfeldern zusammen. Wir pieseln und machen unser Häufchen, wenn wir in perfekter Harmonie entlang der Nord-Süd-Achse ausgerichtet sind. Das geht nur, wenn das Magnetfeld stabil ist. Aber dann kannst du uns als Kompass nutzen. Wie groß der Haufen ist, spielt dabei keine Rolle.

Wieso wälzen sich Hunde gern in Aas, Mist und in allem möglichen anderen, was stinkt?

Mrs Buddy: Diese Frage werde ich in die große Runde der Clubhunde werfen, denn dafür gibt es mehrere Gründe. Aber eins kann ich schon mal sagen: Das Herumwälzen ist ein hundsnormales Wohlfühlverhalten. Es macht Laune. In der Frage steckt ein Fehler. Für uns riechen Tierkadaver und Misthaufen vorzüglich. Genauso wie Kot und Urin. Wir finden das nicht eklig. Ein Großteil unseres hündischen Botschaftssystems ist sogar auf diese Ausscheidungen ausgerichtet. Wenn wir daran nicht mehr schnüffeln können, ist das so,

Foto: Shutterstock.com/Smim1977

Wir wälzen uns aus ganz unterschiedlichen Gründen, zum Beispiel, weil wir einen Duft besonders attraktiv finden – ja, ich weiß, euch Menschen fehlt der Sinn für die wahren Wohlgerüche.

wie wenn du nicht mehr auf Facebook, Instagram oder TikTok posten dürftest und WhatsApp und Twitter verboten wären.

Manchmal kugle ich mich auch im frisch mit Mist gedüngten Gras, wenn ich Juckreiz habe. Das Kratzen an bestimmten Stellen erfordert schon etwas Akrobatik. Wälzen ist effektiver und wirkt sofort.

Als Frieda aus dem Tierheim bei Wölkchen einzog, wälzte sie sich bei jedem Spaziergang mindestens 20-mal im Gras. Das ist exzessiv und nicht mehr normal. Parasiten können ein Auslöser hierfür sein, die zwicken ganz schön im Fell. Aber das war bei Frieda nicht der Fall. Eher der ganze Stress nach dem Umzug ins neue Zuhause. Nun ist Amy an der Reihe. Ich habe dir ja schon vier Gründe verraten.

Amy: Ich stehe besonders auf tote Fische, die am Strand rumliegen. Sich darin zu wälzen ist ein Orgasmus für die Nase. Wir Hunde sind Makrosomatiker. Wir können etwa 44-mal so gut riechen wie ihr und Millionen von Düften auseinanderhalten. Du kannst dir nicht vorstellen, wie viele Botschaften die Fische und ihre verwesten Körper hinterlassen. Und oft ist sogar noch etwas Essbares dabei. Yummy, ein toter Fisch, ist der Inbegriff der Haute Cuisine für Hunde.

Butkus: Wenn du mich als Jagdhund fragst, warum ich mich gern in Aas und Dreck suhle, ist die Antwort klar: Tarnung, um meine potenzielle Beute zu irritieren. Der Hase riecht nicht mich zuerst, sondern Kot und Kadaver. Das kennt er, davor muss er weder Angst haben noch weglaufen. Klar fliegt meine Tarnung irgendwann auf, aber ich komme ein ganzes Stück näher an meine Beute ran. Meine Jagderfolgschancen erhöhen sich exponentiell. Wildhunde machen das

auch so. Sie wälzen sich beispielsweise in Antilopenaas. Lebende Antilopen sind mit ihrem eigenen Ausscheidungsgeruch vertraut und hegen zunächst keinen Verdacht.

Happy: Für mich ist das Wälzen im Misthaufen oder in der Gülle auf dem Feld das Größte. Mit diesem Parfum kann ich der Damenwelt so richtig imponieren. Ich habe ständig Sex im Kopf und möchte meine fantastischen Gene, meinen Mut und meine liebenswürdige Art weitergeben. Wenn die Damenwelt riecht, dass ich ein guter Versorger bin, weil ich nach Tierresten – sprich essbarer Beute – rieche, können die mir doch gar nicht widerstehen. Hals- und Nackenpartie, meine Wangen und der Rutenansatz werden besonders stark parfümiert. Ich hoffe, deine Lippen sind versiegelt und du verrätst das nicht anderen Rüden. Das sind meine erogenen Zonen und Wunderwaffen. Außerdem liegt Naturdeo total im Hundetrend.

Einstein: Ich muss euch jetzt mal den dämlichsten Grund nennen, den ich je gehört habe. Ein Wissenschaftler hat behauptet, wir würden uns in die für euch abscheulichen Gerüche hüllen, um Parasiten abzuschrecken. Ich weiß nicht, was der studiert hat. Jedenfalls musst du nur mal schauen, was sich so alles in einem Komposthaufen befindet und wer auf Kot, Pfützen und Kadaver steht. Würmer, Mücken und andere Insekten feiern ein Freudenfest in deinem Komposthaufen. Sie würden sich durch unser Hundedeo eher angezogen als abgestoßen fühlen, oder nicht?

Foto: Shutterstock.com/smm1977

In der Freizeit

Spiel oder Ernst?
Wie unterscheide ich das?

Happy: Wir Hovawarts spielen nicht gerade zimperlich miteinander. Da kann man es beim Zuschauen schon mal mit der Angst zu tun bekommen. Ich war früher auch ganz wild, vor allem mit meinem Bruder und im Hundekindergarten. Es gibt aber klare Anzeichen, ob wir im Spielmodus sind oder ob es gleich richtig zur Sache geht.

Zum Ausloten, ob der andere Hund in Spielstimmung ist, zeige ich eine deutliche Spielaufforderung. Ich drücke meine Vorderpfoten flach auf den Boden und gehe mit dem Vorderkörper weit nach unten, mein Popo ragt in den Himmel. Ich wedle entspannt mit fröhlichem Gesichtsausdruck. Manche Hunde bestätigen ihren Spielwunsch, indem sie in den hellsten Tönen eine Art Stotterbellen von sich geben.

Beim Spielen gibt es keine Opfer. Wir wechseln uns ab mit dem Jagen

Club der weisen Hunde:

Im Gegensatz zum Ernstfall übertreiben wir beim Spielen mit all unseren Gesten und Lauten. Ein ständiger Rollenwechsel ist Teil des Vergnügens. Unsere Körperhaltung ist entspannt. Wir gönnen uns Bewegungsluxus, denn es besteht ja keine Gefahr. Auch Pausieren ist erlaubt. Wenn ein Hund eine Pause braucht, wird das im Spielmodus akzeptiert. Aus zunächst sozialem Spielen kann sich allerdings bitterer Ernst mit Aggression entwickeln. Gerade wenn ein Ball oder anderes Spielzeug dazukommt, kann die Stimmung kippen. Die Körperspannung nimmt zu, häufig begleitet von Drohgebärden. Die Signale lassen sich einzeln gesehen nicht sicher deuten. Du musst den ganzen Hund im Blick haben, von der Nasen- bis zur Schwanzspitze. Ohrenhaltung, Öffnung der Schnauze, Körperspannung, Stellung der Rute und Tonfall machen den Unterschied. Bei einem Hund, der die Rute nach oben hält, kann es sich um Imponiergehabe handeln. Nicht aber, wenn er gleichzeitig starren Blickkontakt anzeigt. Dann droht er mit Angriff. Je weiter nach vorn Körper, Ohren und Lefzen gerichtet sind, desto gefährlicher für das Gegenüber. Kommt jetzt noch ein tiefes Knurren dazu, sollte der andere Hund das besser nicht ignorieren.

GGRRRRR....

und Gejagtwerden. Beim Herumbalgen liege mal ich unten, mal meine Geschwister. Mein Bruder plustert sich im Spiel mächtig auf und will imponieren. Er reißt sein Maul bis zum Anschlag auf. Ich kann fast in die Speiseröhre schauen und das Weiße in seinen Augen tritt hervor. Wir bellen und knurren lauter als sonst, aber in viel höheren Tönen. Unser Schwanz ist waagrecht mit einem Knick nach unten. Oder wir sind im Propellermodus. Unsere Ohren klappen wir seitlich weg, unsere Gesichtshaut verzieht sich nach hinten. Paarlaufen macht gute Laune. Hopsen, Zickzack-Rennen, Aufreiten, Spaßbeißen. Alles, was nicht weh-tut, ist erlaubt. Wenn ein Ball ins Spiel kommt, teilen wir uns diesen. Jeder darf ihn mal besitzen und vor sich hertragen. So geht's zu, wenn wir Fellschnau-zen spielen.

Gibt es Hundemobbing?

Bruno: Oh ja, schrecklich. Wie du schon weißt, musste ich mir als kleiner Welpe meinen Hundezwin-ger mit fünf großen Hunden teilen. Die wollten nicht mit mir herumtollen und spielen. Sie waren übel gelaunt, und ich sage dir, die hatten mehr Haare auf den Zähnen als am Sack. Es war nicht nur einer, der mich piesackte. Nein, die bösartigen Hunde verbün-deten sich, jagten mich durch den Käfig, bissen mir in den Schwanz und schmerzhaft in die Pfoten, pack-ten mich am Nacken und warfen mich gegen die Git-ter. Die Zeit im Zwinger hatte diesen Vierbeinern den letzten Rest an Empathie aus dem Hirn gespült. Für meine geschundene Seele war mein bisheriger Lebensweg kein Erfolgsmodell. Ich hatte keine

Foto: Shutterstock.com-Rita_Kochmarjova

Spiel ist es nur dann, wenn alle Beteiligten Spaß haben.

Club der weisen Hunde:

Bruno kam in der Tierauffangstation niemand zu Hilfe. Er hat gelernt, dass er in für ihn Angst einflößenden bedrohlichen Situationen auf sich allein gestellt ist. Hängen geblieben ist auch, dass Hunde einer bestimmten Rasse und Größe für ihn eine Gefahr darstellen. Ein Trauma. Der einst so ängstliche Bruno wurde selbst aggressiv und zum Leinenrambo. Seine neue Familie hatte alle Hände voll zu tun, ihn zu bändigen. Auch Trudy ließ ihren Rocky im Regen stehen, weil sie Spaß und Ernst nicht unterscheiden konnte. Die mobbenden Terrier hingegen lernten, dass man andere Hunde problemlos tyrannisieren kann, weil Herrchen oder Frauchen nicht einschritten. Sie gönnten ihren Hunden den „Spaß".

Mobber sind meist unsichere Hunde, fühlen sich jedoch in der Gruppe stark. Oft waren sie früher selbst Mobbingopfer und wurden zu Tätern. Ein souveränes Tier versucht nicht, andere Tiere in Teamarbeit kleinzumachen. Beim Mobber, nicht beim Gemobbten, werden Glückshormone ausgeschüttet. Mobbende Hunde haben Freude am Jagen des Opfers, daran, es umzurempeln, zu bedrohen oder gar zuzuschnappen. Für einen Mobber ist dieses Verhalten selbstbelohnend. Deswegen wird er es immer wieder tun, wenn man ihn lässt.

Möglichkeit zu fliehen, einen Gegenangriff hätte ich haushoch verloren. So ließ ich die Übeltaten über mich ergehen, machte mich unsichtbar, soweit es ging, verharrte in Schockstarre und gab keinen Laut mehr von mir. Der Pokal der Miesepetrigkeit ging eindeutig an mich. Ich wurde apathisch, düstere Gedanken formten mein Weltbild, ich hatte kaum noch Fleisch auf den Rippen. Die Menschen in der Station kümmerte das nicht. Einer der Männer feuerte die anderen Hunde regelrecht an, es mir doch mal so richtig zu zeigen. Schließlich bedeutete jeder tote Hund weniger Arbeit und noch weniger Futter.

Rocky: Mir ist das auf der Hundespielwiese passiert, als ich noch bei Frauchen Trudy lebte. Da wurde die Happy Hour zur Unhappy Hour. Drei Terrier, die alle in einem Haus wohnten, hatten es auf mich

abgesehen. Und obwohl sie viel kleiner waren als ich, hatte ich keine Chance gegen sie. Die hielten sich nicht an den Hunde-Knigge und machten auch keine Verschonungsbedarfsprüfung bei mir. Manchmal dachte ich, ich sei der Einzige, der sein Hirn auf den Hundespielplatz mitgebracht hatte. Sie hetzten mich, bis ich vor Anstrengung fast umfiel. Die Rabauken haben an mir herumgezerrt, mich in die Pfoten gezwickt, sind auf mich gesprungen, haben mich umgeworfen. Ich habe gejault, gewinselt, gebellt, beschwichtigt, mich totgestellt oder auch die Flucht ergriffen. Ich bin zu Trudy gerannt und habe mich unter der Bank versteckt, auf der sie saß. Sie tätschelte mir den Kopf, freute sich über das, wie sie dachte, vergnügte Spiel und forderte mich zum Weiterspielen mit den anderen Hunden auf. Fast jeden Tag traf ich auf der Spielwiese die drei kleinen Terrier. Ich wollte schon gar nicht mehr Gassi gehen, aus Angst, wieder am Tatort zu landen.

Das Schlimme für mich war, dass mein Frauchen Trudy das Geschehen völlig falsch eingeschätzt hat und mich weder beschützte noch die anderen Hunde verjagte. Bis zu dem Tag, an dem ich blutig, zitternd und hechelnd mit geweiteten Pupillen unter meinem „Lieblingsversteck", der Holzbank, in meiner eigenen Angstpfütze lag.

Die Wunde war nicht tragisch, mit drei Stichen genäht, aber mein Vertrauen in Frauchen war erst einmal dahin. Wenigstens musste ich seit dem Vorfall nie wieder auf diese Hundewiese.

Soll ich bei einem Streit unter Hunden eingreifen?

Rasmus: Meine beiden Schwestern Laika und Laola waren immer ein Herz und eine Seele. Sie konnten gar nicht genug zusammen herumtoben. Die zwei waren sogar zur gleichen Zeit läufig. Wahre Verbundenheit. Doch eines Tages drehte sich die Stimmung. Laila und Laola sprangen wie so oft gleichzeitig aus dem Auto und kriegten sich direkt im Anschluss gewaltig in die Haare. Drohgebärden, Geknurre und Gebelle in tiefsten Tönen lösten ihre freundlichen Spielgesichter ab. Es wurde schnell unsachlich. Zack, schon biss Laola Laika in die Seite. Deren Antwort kam zeitnah. Sie stürzte sich auf ihre Schwester und schüttelte sie, bis auch an ihr das Blut hinunterlief. Als Laika losließ, dankte Laola es ihr mit einem bösen Rempler in ihren schwangeren Bauch. Das war zu viel. Laika verteidigte ihre ungeborenen Babys. Sie rauften aggressiv weiter und verbissen sich ineinander. Aufgeben war für beide keine Option. Plötzlich packte Guido Laika an den Hinterbeinen und zog sie nach hinten weg; Frauchen tat das Gleiche bei Laola. Meine Schwestern erschraken fürchterlich und das Beißen war beendet. Beide Hündinnen landeten beim Tierarzt und mussten genäht werden. Die äußerlichen Wunden heilten, aber ihre Gemüter beruhigten sich nie wieder. Laola musste ausziehen.

Ob du bei einem handfesten Streit eingreifen sollst? Ohne dich selbst zu gefährden, kannst du allein fast nichts tun. Du kannst versuchen, die Hunde so zu erschrecken, dass sie sich voneinander lösen. Bei manchen Hunden kann ein lautes Geräusch oder eine kurze Dusche genügen, falls du Wasser zur Hand hast. Bei meinen beiden Schwestern hätte das keine Wirkung gezeigt. Im Eifer des Gefechts ist es mehr als wahrscheinlich, dass dich bei dem Versuch, die beiden Hunde auseinanderzubringen, mindestens einer von ihnen beißt. Zu zweit kann das gelingen, wenn jeder Hundebesitzer gleichzeitig die Hinterläufe seines Hundes packt und die Hunde sich im Rückwärtsgang voneinander entfernen. Du bist dabei relativ sicher, denn auf zwei Beinen können wir uns nicht umdrehen und zubeißen.

Warum meine Schwestern auf einmal so ausgetickt sind? Laika war trächtig, Laola nicht. Wenn Hormone ins Spiel kommen und Mutti sich oder ihre Welpen in Gefahr sieht, dann gehen schon mal die Lichter aus. Nach diesem Ernstkampf konnten die beiden Schwestern nicht mehr unter einem Dach leben. Laola zog in ein neues Zuhause, Laika bekam fünf gesunde Welpen und blieb bei uns.

Foto: Shutterstock.com/Alexandr Jitarev

Vorsicht, Zähne! Wenn du Streithähne trennen willst, pass bitte auf, dass du nicht zwischen die Fronten gerätst.

Wieso vergraben Hunde Spielsachen und Knochen?

Hyggeli: Ich bekomme nicht oft einen Knochen geschenkt. Aber wenn, dann versuche ich erst einmal, ihn komplett zu zermalmen und zu verschlingen. Alles, was in meinen Bauch passt, wird sofort verstaut. Das kann mir niemand mehr wegnehmen. Wenn ich kurz vor einem Plauzenkrampf bin und mit aller Gewalt nichts mehr reinpasst, dann suche ich mir die perfekte Stelle, um den Rest zu verbuddeln. Ich will nicht, dass der Nachbarshund mein Goldstück klaut oder Frauchen Nelli mir den Knochen womöglich wegnimmt, weil ich nicht aufgefressen habe. Bloß kein Risiko eingehen. Ich nehme mir Zeit, den besten Platz zu finden, und bringe mein Futter in Sicherheit. Das haben unsere Vorfahren auch so gemacht. Möglichst viel sofort verschlingen, die Wolfswampe vollhauen und Überreste vor Kojoten, Bären oder Greifvögeln schützen.

Wenn es um meine Bälle und Quietschtiere geht, verstehe ich auch keinen Spaß. Im Garten habe ich einen super Platz in unserem Blumenbeet gefunden. Selbst der Balljunkie Mrs Buddy weiß nichts von meinem Versteck. Die würde mir meinen Ball sofort wegnehmen. Mir ist es allerdings schon passiert, dass ich schlicht vergessen habe, wo meine Spielsachen im Haus versteckt sind. Es gibt unendlich viele Möglichkeiten. Einmal hätte ich aus Versehen fast meine Gummimaus für immer verloren. Ich wollte sie hinter der Toilette verstecken, aber sie ist mir zu früh aus dem Maul gerutscht. Glücklicherweise ist Nelli bei dem

Manchmal vergraben wir unsere „Schätze", um sie sicher zu verwahren.

Anblick der Maus in der Kloschüssel so erschrocken, dass sie einen großen Satz machte und zu spülen vergaß. Meine Maus war gerettet, mein Versteck aufgeflogen.

Warum sollen Hunde nicht mit Tennisbällen spielen?

Lady: Falls du es nicht weißt, schau dir Mrs Buddys Zähne an! Die hatte mal ein echtes Prachtgebiss – aber jetzt ... Die raue Oberfläche der gelben Bälle besteht aus einer Wolle-Nylon-Mischung, die auf den Zähnen wie Schmirgelpapier wirkt. Je länger man darauf herumkaut, desto mehr schleift der Filz am Zahnschmelz. Besonders dann, wenn sich Sandkörner, kleine Steinchen und andere Schmutzpartikel verfangen haben. Die dadurch ramponierten stumpfen Zähne sind noch nicht alles. Einzelne Fäden bleiben zwischen den Zähnen hängen und können zu schmerzhaften Entzündungen führen. Mrs Buddy knabberte nicht nur an den Tennisbällen, sie zerlegte sie regelrecht in Einzelteile. Die Weichmacher im Gummi, die Gase im Inneren sowie die Farbstoffe und Chemikalien sind giftig und das Verschlucken der unverdaulichen Teile kann sogar zu einem Darmverschluss führen.

Mein Herrchen kauft mir im Fachhandel für Hunde geeignete Tennisballimitate aus Naturkautschuk mit einer Oberfläche aus Gitternetzen, in die sich die kleinen Steinchen und Dreckklumpen nicht so einfach einschleichen können.

Weshalb buddeln Hunde gern?

Amy: Ich gehöre eher nicht zu den Buddeltieren. Aber als ich schwanger war, baute ich eine Höhle für meine Welpen und habe geschaufelt, so zügig es ging. Sollte ja alles rechtzeitig fertig werden.

Chantal: Och, es gibt immer einen Grund zu buddeln. Einfach so aus Jux und Tollerei oder in der Hoffnung, ein Mäuschen zu finden. Ich helfe meiner Familie gern bei der Gartenarbeit. Ich grabe Beete um und

untertunnele den Rasen. Einem Dackel liegt das im Blut. Auch Jack Russell Terrier, Yorkshire Terrier oder Pinscher und Zwergschnauzer wurden gezüchtet und ausgebildet, um eure Häuser und Höfe von Ratten und Mäusen freizuhalten. Mir tut das Buddeln gut, selbst wenn ich keine Beute finde. Das baut Stress ab und entspannt mich.

Kaputt! Warum zerstört mein Hund meine Lieblingssachen?

Mrs Buddy: Frauchen war beim Sport. Ich würde ja gern mitgehen, aber beim Ziegen-Yoga sind keine Hunde erlaubt. Es macht mir auch nichts aus, ein paar Stunden allein zu bleiben. Ich schlafe oder döse vor mich hin. Manchmal habe ich noch gar nicht fertig geträumt und sie ist schon wieder zurück. Aber heute war das anders.

Ich kam nicht zur Ruhe, weil ich mitten im Zahnwechsel war und ordentlich Rambazamba in meinem Maul hatte. Der Krieg der Zähne. Das große Leckerli, das Frauchen mir immer schenkt, wenn sie aus dem Haus geht, hatte ich längst verdrückt. Ich streifte durch die Wohnung, suchte nach Ablenkung und Kaubarem. Plötzlich hatte ich eine geniale Idee. Bei Nina hat alles seinen Platz, immer alles aufgeräumt. Aber hinter dem Vorhang am Eingang herrscht das pure Chaos. Ohne jede erkennbare Logik stehen dort alle ihre Schuhe herum. Getragene Schuhe und Socken finde ich extrem anziehend, denn sie duften so vertraut nach meinem Frauchen. Ich nahm mir die Schuhe einzeln vor, verteilte sie gleichmäßig im Wohnzimmer, schleckte den Dreck ab und knabberte drauf rum. Oh Gott, Schmutz an den Schühchen! Keine Sorge, Frauchen, ich sag's niemand weiter. Das war jedenfalls eine Riesenarbeit, aber meinen Zähnen tat das gut. Der Druck ließ nach. Und als ich geduldig auf ihren Wanderschuhen kaute, fiel mir ein Paar auf, das ganz hinten in der Ecke stand. Das glitzerte so herrlich. Wuff, die hatte ich noch nie gesehen. Vielleicht könnte ich die Wanderschuhe auch zum Glitzern bringen? Das war mühsam. Ich knabberte die

Foto: Shutterstock.com/Eric Isselee

schnell, dass das lieblose Herumschleudern ihrer Schuhe nicht als Spielaufforderung für mich gedacht war, und verkrümelte mich auf meine Decke. Na, Frauchen, sei ehrlich: Bist du wieder vom Laufband gefallen und im Dampfbad gegen die Glasscheibe gelaufen?

💡 Frauchen ergänzt:

Es gibt viele Gründe, warum Hunde Gegenstände zerstören. Langeweile, Frust, Neugierde, Trennungsstress, „Tötungsabsicht", zu heftiges Spielen oder auch Schmerzen wie bei Mrs Buddy. Natürlich war ich stinksauer, als ich das Chaos im Wohnzimmer sah und darüber, dass sie sich unter anderem ausgerechnet meine teuersten Schuhe vorgenommen hatte, die für den jährlichen Opernball gedacht waren. Mit Absicht, um mich zu ärgern und zu bestrafen, weil ich heute einen Saunagang mehr nach dem Sport gemacht hatte, so glaubte ich. Vor lauter Wut reagierte ich völlig unangemessen, warf mit Schuhen um mich und ignorierte meine Hündin. Das war nicht nur ein sinnloses Verhalten, es war auch unfair. Hunde haben kein Wertesystem. Sie wissen nicht, wie teuer die Schuhe waren. Auch meine Annahme, Mrs Buddy wolle mich bestrafen, war absurd. Meine Reaktion konnte sie nicht mit ihren Zerstörungen verknüpfen. Aus ihrer Sicht hatte sie nichts falsch gemacht. Sie hatte Zahnschmerzen und suchte Ablenkung.

kleinen Steinchen einzeln ab und verteilte sie auf den Wanderschuhen. Dann fiel mir auf, dass die Glitzerschuhe viel zu hohe Absätze hatten. Ich verstehe ja, dass Frauchen auf den Zehenspitzen gehen will, so wie ich. Aber nö, mit den Dingern kann Nina doch niemals laufen. Machen wir uns nichts vor, sie stolpert so schon oft genug im Wald, fällt in Pfützen oder in den Schnee. Ich wollte die silbernen Absätze kürzen. Na ja, hat nicht so richtig geklappt. Am Schluss waren sie ganz ab. Glitzerfreie Ballerinas gezaubert. Ein bahnbrechender Erfolg. Fertig. Alle Schuhe repariert und neu sortiert.

Danach habe ich mit den Vorhängen gespielt. Da konnte ich so schön reinbeißen, ziehen, zerren und dran schaukeln. An diesem Tag war der Vorhang stärker. Drei meiner Wackelzähne gingen dabei drauf und ich plumpste mit dem ganzen Stoff rückwärts auf den Boden. Der Stoffberg war toll. Ich schwöre, die Löcher und Flecken waren schon vorher drin. Ich konnte mich einwickeln, mir eine Höhle bauen und es war viel heller im Wohnzimmer. Das blieb auch so. Nina wollte nur meine drei Zähne behalten. Die Stoffhöhle gehörte von nun an mir, aber die Zahnfee brachte mir dieses Mal keine Leckerlis. Hat Frauchen bestimmt vergessen, weil sie so schlecht gelaunt nach Hause kam. Ich begriff

Warum mögen Hunde feste Umarmungen nicht?

Luna: Als wir zum ersten Mal Mrs Buddy begegneten, konnte ich gar nicht so schnell gucken, schon saß ich auf dem Arm von meinem Frauchen Rosie. Sie drückte mich fest an sich ran. Dabei ist Mrs Buddy die freundlichste Hündin, die man sich nur vorstellen kann. Noch panischer reagiert Frauchen, wenn ein Pferd des Weges kommt. Sie quetscht mich unter ihre Jacke, ich kriege Atemnot und Beklemmungen, rieche ihre Angst, kann aber das „Unheil" nicht sehen. Das macht

Es mag lieb gemeint sein, aber wir fühlen uns unwohl, wenn wir so in den „Schwitzkasten" genommen werden.

mich nicht nur hilflos, sondern überschreitet auch gehörig meine Individualdistanz. Diese ist bei jedem Hund anders, genau wie bei euch Menschen. Manche Menschen umarmen sich zur Begrüßung, andere schütteln sich die Hände, Franzosen geben Küsschen, wieder andere lassen gar keine Berührung zu und gehen auf Abstand. Auch jeder Hund hat einen Bereich, den Menschen und Tiere respektieren sollten.

Nach Herrchens Tod war Rosie sehr traurig und einsam. Trost fand sie durch die Nähe zu mir. Herrchen fehlte mir auch, aber die ständigen Liebkosungen von Rosie lösten bei mir Stress und Angst aus. Wie sollte ich mich aus dieser Fixierung befreien? Pssst, das habe ich jetzt nur dir verraten. Sag's bitte nicht Frauchen. Ich will nicht, dass sie meint, sie dürfe sich nicht bei mir ausheulen. Bitte versteh mich nicht falsch. Wohldosierte Streicheleinheiten, Kontaktliegen, den Bauch kraulen, das alles mag ich. In wirklich gefährlichen Situationen möchte ich auch beschützt werden, aber nicht

erdrückt und eingeengt. Ich zeige deutlich, wenn es mir zu viel wird. Ich züngle, drehe den Kopf weg, brummle vor mich hin, mache Halbmondaugen, gähne oder hebe eine Pfote an. Wenn ich sehr gereizt bin, schlecke ich Rosies Gesicht oder ihre Hände ab. Ich war schon oft kurz davor, zuzuschnappen. Aber ich weiß, mein Frauchen meint es nicht böse und hat mich sehr, sehr lieb.

Ich gestehe dir noch was, aber bitte sag das auch nicht meiner Rosie. Pssst, ich kann es überhaupt nicht leiden, wenn mir jemand über den Kopf streichelt. Meine eigenen seriösen Forschungen unter meinesgleichen haben ergeben: 97 Prozent aller Hunde können es nicht gut ab, oben am Kopf getätschelt zu werden. Das liegt daran, dass der Mensch sich dazu über uns beugt. Auch beim Halsband- oder Geschirranlegen ist das höchst unangenehm und eine bedrohliche Geste. Es ist zudem entwürdigend und macht uns klein. Nicht schön.

Frauchen ergänzt:

Gerade das Abschlecken des Gesichts oder der Hände durch den Hund wird häufig als Liebkosung und Erwiderung der menschlichen Gefühle empfunden. Für den Hund muss das nicht so sein. Bei Luna lösten die festen Umarmungen oder das Herandrücken an Rosis Körper Stress und Nervosität aus. So geht es vielen Hunden. Es hängt von der Situation und der Individualdistanz eines jeden Hundes ab, wann er lieb gemeinte Zuwendungen genießt und wann er sie eher als bedrohlich empfindet. Bei Hundebesitzern, die ihren Hund aus der eigenen Angst heraus ständig beschützen, obwohl der Hund gelassen ist, kommt noch ein weiterer Aspekt hinzu: die Angstübertragung. Als wir Rosie kennenlernten, war sie schon weit über 70 Jahre alt und litt an einer Gehbehinderung. Zudem hatte sie nach einem Pferdebiss große Angst vor Pferden. Luna stufte Pferde anfangs nicht als Gefahr ein, aber mit der Zeit übertrug sich Rosies Angst auf die kleine Mopsdame. Irgendwann sprang Luna schon beim Anblick eines Pferdes in weiter Ferne von allein an Frauchen hoch oder verflüchtigte sich ins nächste Gebüsch.

Wieso ziehen Hunde an der Leine?

Mrs Buddy: Diese Frage kann auch nur von einem Menschen kommen. Wir ziehen gar nicht an der Leine, sondern ihr macht das. Bei uns war es Nina, die eines Tages mit dem Leinenzerrspiel angefangen hat. Als sie mir zum ersten Mal die Leine anlegte, wusste ich gar nicht, was sie von mir wollte. Sie, glaube ich, auch nicht. Immer, wenn ich zu einem anderen Hund oder Menschen laufen wollte oder dringend Botschaften lesen musste, zog Nina an

dem Ding und zerrte mich zurück. Ging es hier womöglich um Schnüffel- und Kontaktverbot? Aber warum? Ich machte doch gar nichts falsch oder anders als sonst. Das Spiel ging mir gehörig auf die Nerven. Oder besser: auf den Hals. Ich sah das Überleben meines Kehlkopfs nicht mehr als gesichert an. Ein paarmal habe ich es auch geschafft, mich aus dem Halsband zu befreien. Puh, endlich wieder in Ruhe schnüffeln, ohne Frauchen als Ballast am anderen Ende der Leine. Die Freude hielt aber nicht lange an.

Die Hundetrainerin sollte es richten und mir klarmachen, dass ich nur noch schnüffeln darf, wenn Frauchen das gerade passt. Ich bekam ein Geschirr, kein Halsband mehr. Das war schon mal eine gute Idee. Doch dann lief Nina mit mir immer nur kurze Stücke an der Leine und blieb zwischendurch abrupt stehen. Oder noch komischer: Sie blieb stehen und drehte sich dann ohne Ankündigung in die andere Richtung. Ja, hatte sie denn gar keinen Plan mehr, wo sie hinwollte? Ich dachte, das mit ihrer Verwirrtheit hätten wir im Griff. Mutierte sie jetzt zur Masochistin? Gar nicht schön. Autsch, das war doof. Ich stemmte mich dagegen, so gut ich konnte.

Die Trainerin machte das gleiche Spiel mit mir. Warum redete sie dabei in so einem harschen Ton? Immer dieses „Fussss, Fussss, Fussss". Und wenn ich mich fragend zu ihr drehte, gab es wieder einen ordentlichen Ruck. Also verstand ich: Anschauen = Schmerzen. Bin ja nicht blöd. Ich schaute nicht mehr hin und zog stattdessen in die von mir gewünschte Richtung. Tat auch weh, aber so kam ich wenigstens ab und an zu meinem Ziel. Ich wollte doch nur am Baum

Foto: Shutterstock.com/Dora Zett

schnuppern. Mit Nina hatte ich irgendwann den Trick dieses Spiels heraus. Ich musste nur energisch genug ziehen, dann schmiss sich Frauchen auf den Boden und ließ die Leine los. Das klappte im Wald fast jeden Tag und besonders gut im Schnee. Ich wurde ständig Tagessieger. Tja, Nina hat das keinen Spaß gemacht. Sie ist eine schlechte Verliererin.

Frauchen ergänzt:

Als Mrs Buddy im Welpenalter war, folgte sie mir auf Schritt und Tritt auch ohne Leine. Prima, wie sie gehorcht, dachte ich und wusste nicht, dass die meisten Hunde sich so in den ersten Wochen verhalten, weil sie Trennungsangst haben oder die vielen neuen Eindrücke sie verwirren und sie Sicherheit beim Mensch suchen. Zudem wohnten wir am Ende einer Sackgasse, in die sich selten ein Auto verirrte und die direkt in den Wald führte. Ich sah überhaupt keine Notwendigkeit, Mrs Buddy anzuleinen und meine Hündin unnötig einzuschränken. Sie gehorchte vorbildlich und es bestand keine Gefahr. Fehler Nummer eins. Dadurch begann ich viel zu spät mit dem Leinenmanagement und habe es in den ersten beiden Jahren gründlich vermasselt. Wenn es darum ging, mich in der Nachbarschaft zu blamieren, lag ich ganz weit vorn. Das Spiel „Wer öfter in der Pfütze liegt" gewann ich gegenüber Mrs Buddy haushoch. Ich dachte auch, ich könnte das vermeintliche Kräftemessen zwischen uns gewinnen. Schnell musste ich einsehen: Das funktioniert nicht, wenn die Hündin ein Kraftpaket mit 40 Kilo ist und ausgestreckt genauso groß wie ich. Druck erzeugt Gegendruck. Die Leine als lästiges Übel anzusehen und sie immer widerwilliger einzusetzen, war nicht zielführend.
Methoden wie Stopp-and-Go oder Richtungswechsel halfen mir auch nicht weiter. Ich hatte weder das richtige Timing noch die nötige Konsequenz und Geduld. Damals habe ich auch nicht verstanden, dass beim Bei-Fuß-Laufen Blickkontakt zwischen Hund und Frauchen gewünscht wird. Die Leinenruckmethode der Trainerin war schon per se nicht nett und äußerst fragwürdig. Wenn sie dann auch noch falsch ausgeführt wird, also der Ruck kommt, wenn der Hund die Trainerin anschaut, entsteht, wie bei Mrs Buddy, eine Fehlverknüpfung. Der Hund wird fürs Anschauen bestraft, obwohl genau dieser Blickkontakt dem gewünschten Verhalten entspricht.
Mein Stresspegel war am Anschlag – angespannter Mensch, angespannter Hund. Das Leinenthema hat mich so manchen Griff ins Selbsthilferegal, Tränen, Frust und einige Trainerstunden gekostet. Geholfen hätte es, die Leine als Zeichen der Verbundenheit zwischen uns einzustufen und Mrs Buddy die größtmögliche Entscheidungsfreiheit innerhalb dieses kleinen Radius zu geben. Und vor allem hätte ich die Leinenführigkeit von Anfang an spielerisch üben sollen. Da kann ich nur zu mir selbst sagen: Nööö, Frauchen, das hast du nicht gut hingekriegt.

Können Hunde schwimmen und mögen sie Wasser?

Luna: Hallöchen. Ich kann nicht schwimmen, aber in 17 Varianten um Hilfe rufen. Pssst, das bleibt unter uns: Ich mache mir fast Köttel in die nicht vorhandene Hose, wenn ich im Wasser nicht mehr stehen kann. Schwimmen ist nichts für mich. Als Mops fällt es mir schwer, meine kurze Schnauze oberhalb der Wasserlinie zu halten. Ich muss meinen Kopf ganz weit nach hinten verbiegen. Das ist beklemmend unangenehm und zudem sinkt mein Popöchen automatisch tief ins Wasser ein. Abgesehen davon kriege ich von Natur aus nicht so gut Luft. Das geht meinem Freund, dem Boxer Harry, genauso. Dackel sind auch selten Wasserfans. Mit den kurzen Beinen können sie nicht richtig paddeln. Das Problem kenne ich nur zu gut. Der Antrieb genügt nicht, um im tiefen Wasser oben zu bleiben. Wie bei jeder Rasse gibt es hier selbstverständlich Ausnahmen. Bassets, Chow-Chows, kleine Bullterrier, Dalmatiner und auch so manche mächtigen Hunde wie die Deutsche Dogge sind ebenfalls keine typischen Wasserratten. Anders sieht es bei Retrievern, Neufundländern und Schäferhunden aus. Wenn Labrador Valina eine Ente sieht, schaltet sie den Turbo an und zischt durch das Wasser. Die kann vielleicht toll paddeln! Diesen Paddelreflex hat übrigens jeder Welpe, wenn er das erste Mal mit Wasser in Berührung kommt. Manche mögen es, manche nicht. Meine Heldin unter den Schwimmern ist Mrs Buddy. Die Geschichte musst du dir mal anhören.

Seit meiner Tour im Gardasee darf ich nur noch mit Schwimmweste aufs Boot.

Mrs Buddy: Schwimmen macht richtig Freude, aber Segeln finde ich auch riesig. Den besten Sommer überhaupt verbrachten wir in Italien. Mit Darrens Segelboot Mischief schipperten wir jeden Tag über den Gardasee, warfen den Anker, machten ein paar Stopps zum Baden und danach kamen die tollsten Düfte aus der Küche. Darren lebte zu der Zeit schon über sieben Jahre auf seinem Boot und war damit um die ganze Welt gesegelt, von Hawaii über die Südsee bis zum Kap Horn und nach Europa.

Während der Fahrt döste ich unten in der Küche in meinem Schlaraffenland. Wenn es mir langweilig oder zu heiß wurde, ging ich nach oben. Ich stupste Nina an und erinnerte sie daran, dass es höchste Zeit für den nächsten Schwimmstopp war. Ach, Frauchen, komm doch mit! Sie war am Ruder und reagierte nicht auf mein Anliegen. Darren kletterte auf irgendeinem Mast herum. Na gut, dachte ich. Die haben keine Zeit. Dann gehe ich halt allein schwimmen.

Gesagt, getan, sprang ich über Bord und gab mich den azurblauen Weiten hin. Herrlich! Was für eine Erfrischung. Ich bin eine ausdauernde Schwimmerin. Das hat mir Frauchen beigebracht. Sie ist Schwimmtrainerin und früher Wettkämpfe geschwommen. Im Sommer schwimmen wir fast täglich einen Kilometer im Starnberger See: bis zum Grab vom König Ludwig, kurz dem König zuwinken, verbeugen und wieder zurück.

Vergnügt schwamm ich vor mich hin zwischen all den bunten Booten, großen Schiffen und Kanus. Zum ersten Mal sah ich Menschen, die mit farbenfrohen Tüchern über das Wasser flogen. Boah, war das aufregend! Ich schaute noch mal zurück, konnte aber die Mischief nicht mehr sehen. Egal, ich hatte ja Zeit, war schließlich im Urlaub. Plötzlich wurde es unruhig auf dem See. Laute Sirenen heulten, Scheinwerfer flackerten auf. Viele Menschen riefen meinen Namen. Warum nur? Ich kannte hier doch niemanden. Ein Surfbrett steuerte direkt auf mich zu. Gut, dass Darren mir das

Tauchen beigebracht hatte. Was machte der Surfer denn jetzt? Zog er an meinen Beinen? Nicht so nett. Ich war jedenfalls geschickter und mit einem Plumps landete er neben mir im Wasser. Ich paddelte weiter, kam aber nicht weit.

Ich war umzingelt von Booten und Brettern. Zwei Männer in schicken Ganzkörperanzügen sprangen aus einem Motorboot heraus. Toll, die schwimmen jetzt eine Runde mit mir, dachte ich. Umso besser. Der eine tauchte unter mich und nahm mich Huckepack. Das Spiel kannte ich. Das macht Nina heute noch mit mir, wenn ich nicht schnell genug schwimme. Wie bequem – ich war schon etwas müde und die Sonne hatte sich verabschiedet. Huch, abgerutscht. Auweia, jetzt hatte ich aber viel Wasser geschluckt und wusste nicht mehr so recht, wo oben und unten ist. Das machte mir Angst, aber die beiden Männer packten mich und hievten mich – wenngleich sehr ungeschickt – auf das schicke Schiff. Ein anderer Mann kam und drückte mir aufgeregt auf die Brust. Immer wieder, bis mir eine Wasserfontäne aus dem Hals schoss und er klitschnass wurde. Kurze Zeit später kamen Nina und Darren an Bord. Darren sprach mit den Männern. Frauchen schlotterten die Beine, sie zitterte. Ja, wovor hatte sie denn solche Angst? Sie erdrückte mich fast. Dann weinte sie ganz doll. War Nina traurig, weil ich ohne sie Baden gegangen war? Ach, Frauchen, musstest du mir deswegen gleich die italienische Wasserschutzpolizei auf den Hals hetzen?

💡 Frauchen ergänzt:

Am Gardasee ist mit mehr Glück als Menschenverstand alles gut ausgegangen. Seither lasse ich Mrs Buddy nicht mehr ohne Schwimmweste aufs Boot und auch nicht in Flüsse oder ins Meer. Die schicke gelbe Schwimmweste hat drei Vorteile: Der Hund kann mit der Weste nicht so leicht untergehen, man kann ihn im Notfall am Griff der Weste packen und man sieht ihn besser.
Mrs Buddys Bruder Pumba hatte nicht so viel Glück wie wir in Italien. Obwohl er auch ein sehr guter Schwimmer war, jung und kräftig, ist er an einem bis dahin herrlichen Sommertag in der Isar ertrunken. Fremde Menschen auf einem Paddelboot sahen Pumba und zogen ihn ins Boot. Geis-

tesgegenwärtig versuchte einer der Männer ihn zu beatmen. Aber jede Hilfe kam zu spät. Pumba war tot. Das Ganze ereignete sich innerhalb von wenigen Minuten. Wahrscheinlich hatte er sich im Treibholz verheddert und war durch die Strömung des Flusses nach unten gezogen worden.

Was bedeutet es, wenn Hunde gähnen?

Happy: Wenn ich als Rettungshund von einer Bergtour nach Hause komme, schmeiße ich mich auf mein Bett und gähne mehrere Runden. Ich bin glückselig, ausgepowert, müde und muss meinen Sauerstofftank auffüllen. Manchmal nutze ich das Gähnen aber auch,

um mir eine Denkpause zu verschaffen. Ich mache das auf dem Berg, wenn ich vor einer Entscheidung stehe, die mich gerade überfordert. Ich muss mir oft ganze Strategieketten ausdenken, um einen Menschen zu retten. Gähnen hilft zudem beim Stressabbau und wenn ich versagt habe. Ich wollte mal einen Schneemann bellend verjagen. Der hat sich kein Stück von der Stelle gerührt, obwohl bei ihm aus Angst schon die ersten Tränen kullerten. Da hab ich auch erst mal ausgiebig gegähnt, um meinen Frust loszuwerden.

Wie viel Schlaf braucht ein Hund?

Lady: Da fragst du genau die Richtige. Wenn es nach mir ginge, würde ich Winterschlaf für Hunde mit verpflichtenden Prüfquoten im Schlafschutzkontrollgesetz verankern. Ich stehe selten vor 12 Uhr auf und komme meist locker auf meine 20 Stunden Schlaf und Schlummern am Tag.Es ist von Hund zu Hund unterschiedlich, aber wir können täglich 17 bis 20 Stunden dösen und schlafen. Welpen und kranke Hunde brauchen, wie wir Senioren, besonders viele Auszeiten.

Wenn ich zu wenig Schlaf bekomme, reagiere ich genauso wie mein Frauchen bei Schlafentzug. Ich bin überdreht, unkonzentriert und grobmotorisch. Mein Freund Bruno, der Airedale Terrier, konnte im Tierheim über lange Zeit nicht richtig schlafen, weil er Angst vor den anderen Hunden in seinem Zwinger hatte. Er wurde krank und aggressiv. Also, gönne uns unser Nickerchen. Du weißt ja: „Schlafende Hunde soll man nicht wecken!"

Schläft mein Hund besser, wenn er abends einen Napf Bier trinkt?

Mrs Buddy: Ninas Oma hat ihrem Dackel an Weihnachten und an Geburtstagen gern einen Schuss Eierlikör in sein Festtagsessen gemischt. Der wohlgemeinte Festtagsschluck von Oma kann für uns Hunde verheerend sein. Auch schon in kleinen Mengen regt sich unsere Leber kräftig über Alkohol auf. Wie bei schwer betrunkenen Menschen kotzen wir das Zeug aus, schwanken, taumeln, bekommen Atemnot und können das Bewusstsein verlieren. Das kann, je nach Menge und Gesundheitszustand, sogar zum Tod führen. Uns hilft auch kein Schnaps oder Feierabendbier, wenn wir Angst vor Feuerwerken und Gewittern haben. Besser schlafen können wir dadurch schon gar nicht.

Ungemütlich oder entspannend? Warum schlafen manche Hunde auf dem Rücken?

Butkus: Über unsere verschiedenen Schlafpositionen haben sich schon so manche Wissenschaftler den Kopf zerbrochen. Ich schlafe oft auf dem Rücken und strecke alle Viere in die Luft. So machen das Hunde, die zufrieden und selbstsicher sind, sich nicht bedroht fühlen. Diese „Kasperleposition" sieht für dich vielleicht unbequem aus, ist es aber nicht. Straßenhunde würden niemals so schlafen, denn in dieser Position sind sie leicht angreifbar.

Wenn wir uns sicher fühlen und total entspannt sind, schlafen wir gern ausgestreckt auf dem Rücken.

Es gibt noch einen anderen Grund, warum wir Hunde manchmal auf dem Rücken schlafen. Wir machen das gern an heißen Tagen oder wenn die Wohnung überhitzt ist. Wir können Hitze ja nur über Hecheln und über unsere Pfoten ausschwitzen. Das Hecheln kostet jedoch Energie und hilft nicht beim Entspannen. Deshalb haben wir noch eine andere Lösung parat. Unser Fell ist an unserem Bauch wesentlich dünner oder gar nicht vorhanden. Wenn wir nun die „schlecht" isolierte untere Seite direkt der Luft aussetzen, kann unsere Körperwärme viel besser entweichen. Alternativ legen wir uns zur Abkühlung gern mit der Bauchunterseite auf Fliesen oder andere kühle Bodenbeläge. Welpen schlafen auch oft in der Kasperleposition. Das ist meist keine Absicht. Sie flitzen wie ein Aufziehspielzeug durch die Gegend, bis der Akku leer ist, geraten ins Schwanken, fallen auf den Rücken und schlummern genau in dieser Position ein.

Die meisten Hunde sind Seitenschläfer. Sie fühlen sich sicher und wohl in ihrer Umgebung und vertrauen ihren Menschen. Besonders gern wird diese Position auch beim Sonnenbaden eingenommen.

Rasmus, der als Herdenschutzhund immer alles überwachen muss, schläft lieber im Halbkreis. Energiebündel wie Chantal nehmen gern die „Supermannposition" ein. Sie liegen auf dem Bauch mit dem Kopf auf dem Boden und strecken alle viere aus. So können sie jederzeit schnell aufspringen und notfalls auch flüchten.

Wenn es wenig Platz gibt oder wenn es mir zu kalt ist, rolle ich mich wie ein Fuchs zusammen und klemme meine Pfoten unter dem Körper ein.

Tiefenentspannt zeigt sich Mrs Buddy, wenn sie mit dem Rücken auf der Couch liegt und ihre Vorderläufe anwinkelt. Das sieht besonders cool aus, wenn sie gleichzeitig ihre Hinterbeine anhebt und sie gemütlich an der Rückenlehne des Sofas parkt. So sieht ein glücklicher und selbstbewusster Hund aus. Ich habe das auch mal ausprobiert, aber meine Beaglebeine reichen nicht bis zur Lehne hoch.

Fressen und gefressen werden

Sind Hunde Fleischfresser?

Mrs Buddy: Es gibt eigentlich nichts, was ich nicht fresse. Okay, manche Sachen bleiben sicherlich für immer in der Hundetabuzone unseres Abrakadabra-Schranks. Nina teilt nie Schokolade mit mir. Am Studentenfutter darf ich auch nicht naschen. Fast unter Tränen möchte ich gestehen, dass ich seit Tagen von einem panierten Kuheuterschnitzel träume. Entschuldigung, zurück zu deiner Frage:

Als wir vom Wildhund zum Haushund mutierten, haben wir uns vorwiegend von den Abfällen der Menschen ernährt. Egal ob Gemüse, Obst, Fleisch, Nudeln oder Getreide – wir waren nicht wählerisch.

Hauptsache satt. Auch Wölfe nagen nicht nur das Fleisch an ihrer Beute ab, sondern fressen sie buchstäblich mit Haut und Haaren, Innereien und auch mit den weicheren Teilen des Skeletts, wie den Gelenken. Fleisch ist durch seinen hohen Eiweißgehalt ein wichtiger Bestandteil unserer Mahlzeiten, aber wir sind keine reinen Fleischfresser. Das wäre viel zu unausgewogen. Wir brauchen auch Beschleuniger, die unseren Darm so richtig auf Hochtouren bringen. Getreide, Obst, Gemüse und Fette gehören dazu.

Mein Tag beginnt mit einer großen Schüssel Haferflocken mit Bananen, manchmal auch Frischkäse mit Birnen oder Äpfeln. Abends gibt es eine ordentliche

Fleisch steht ganz oben auf meinem Speiseplan, aber Bananen finde ich auch lecker.

Foto: Archiv Sauer/Andrea Ihringer

Portion Fleisch mit ein bisschen Reis oder Amaranth, Gemüse und Vitaminen oder was Nina sonst noch so einfällt. Immer mit einem Schuss Öl und Wasser, damit sich die Vitamine gut entfalten können.

Woran erkenne ich, ob mein Hund zu dick ist?

Valina: Oje, blödes Thema. Ich wiege was, was du nicht wiegst … Seit meinem dritten Lebensjahr schickt mein Körper das Fett an meine Oberschenkel und an den Bauch. Mein Bindegewebe sackt nachts ab. Nicht schön. Es kann ja nachts machen, was es will, aber es sollte doch morgens bitte wieder zurückkommen. Mein Frauchen achtet sehr auf meine Figur, mehr als auf ihre eigene. Immer wieder Trennkost, Low-Carb oder die Glyx-Diät. Spricht man aus wie Glück mit „s" hinten, ist aber keins. Dauert nicht mehr lange und sie meldet mich bei den Weight Watchers an. Meiner Meinung nach bekomme ich viel zu wenig zu essen. Am Futter kann es also nicht liegen. Ich habe schlichtweg schwere Knochen. Die Tierärztin sagt, ein Hund hat Idealgewicht, wenn man die Rippen gut ertasten kann, während er auf der Seite liegt. Das sei genau richtig. Nicht zu dick, nicht zu dünn. Hmm, ich lege mich nie wieder auf die Seite. Bei mir ist das kein Übergewicht, sondern das sind Dinge, die mir ans Herz gewachsen sind.

Club der weisen Hunde:

Übergewicht tut uns Hunden gar nicht gut. Es kann zu Problemen mit den Knochen und dem Bewegungsapparat und zu Folgekrankheiten wie Wachstumsstörungen, Arterienverkalkung, Bluthochdruck, Schlaganfall, Herzinfarkt, Arthrose oder Diabetes führen. Wenn dein Hund zu Fettpölsterchen neigt, muss er deswegen aber nicht auf das Belohnungsleckerli zwischendurch verzichten. Einfach die großen Mahlzeiten etwas reduzieren und die leckeren Kalorienbomben zum Bestandteil der gesamten Tagesration machen. Wir freuen uns auch mal über eine kalorienarme Karotte oder über Äpfel, Birnen und Bananen.

Warum fressen Hunde Gras?

Chantal: Oh Mensch, warum denn nicht? Ich glaube, ihr macht euch so viele Gedanken darüber, warum wir Grünzeug fressen, weil ihr in der Vorstellung verhaftet seid, Hunde seien reine Fleischfresser. Einer der Gründe ist: Es schmeckt uns einfach. Am liebsten sind mir die grünen langen Gräser, junge Pflanzen oder Getreidepflanzen. So richtig saftige grüne Grashalme sind aromatisch, schmecken süßlich und enthalten Wasser. Wasser brauchen wir nicht nur an heißen Tagen. Ausgiebige Schnüffeltouren machen trockene Nasen, wir lechzen nach Feuchtigkeit. Manchmal fresse ich auch Gras zur Entspannung und um Stress abzubauen. Das Herumkauen auf den Halmen setzt Glückshormone frei. Die Anspannung lässt nach. Grasfressen hilft bei Langeweile oder um einen Konflikt zu lösen. Wenn uns Pferde entgegenkommen, gibt es eine eiserne Regel: Ich muss am Wegrand absitzen, bis alle vorbeigetapert sind. Es dauert eine Weile, bis die Kolosse vorüber sind. Eigentlich will ich weiter, andererseits muss ich sitzen bleiben. Was mache ich? Ich gönne mir ein Büschel Gras.

Hin und wieder schießen mir ganze Grünfontänen aus dem Hals. Das liegt nicht etwa daran, dass mir das Gras nicht schmeckt, ich es nicht vertrage oder gar allergisch darauf bin. Nein, mitunter fresse ich Grünzeug, um etwas anderes Unverdauliches oder Giftiges aus meinem Körper hinauszukatapultieren. Gras ist ein exzellentes Transportmittel. Es lindert Übelkeit und hilft, wenn die Verdauung ins Stocken geraten ist, weil es Wasser, Nähr- und Ballaststoffe enthält.

Bedenklich wird es nur, wenn dein Hund sich plötzlich übermäßig damit vollstopft und keine Gelegenheit ungenutzt lässt. Dahinter kann starker Stress stecken, aber auch Schmerzen, Durcheinander bei der Magensaftproduktion oder eine Leber- oder Nierenschwäche.

Noch was Unangenehmes: Die langen Gräser verlassen unseren Körper nicht selten in ellenlangen „Kotseilschaften". Das führt zu hämorrhoidenverdächtigen Pressorgien. Frauchen hat zeitweilig ungeduldig „nachgeholfen" und mithilfe eines Kotbeutels eine halbe Wiese aus mir herausgezogen. Lieb gemeint, aber keine gute Idee. Das Gras ist messerscharf und kann uns regelrecht – entschuldige – den Arsch aufreißen.

141

Warum wir Gras fressen? Manchmal, weil uns übel ist, oft aber auch nur, weil es uns schmeckt oder weil wir Durst haben.

Frauchen ergänzt:

Ein grasfressender Hund ist weder ein Einzelfall, noch ist er Vegetarier. 90 Prozent aller Hunde fressen Gras. Das ist normales Hundeverhalten. Bei exzessiver Grasfresserei sollte man jedoch genauer hinschauen und nach Ursachen forschen. Es kann auch eine Krankheit oder Zahnschmerzen dahinterstecken. Unbekömmlich für den Hund wird es, wenn er mit Pflanzenschutzmitteln bearbeitete oder giftige Pflanzen frisst. Zu diesen gehören unter anderen: Tomatenranken, Zwiebeln, Buchsbaum, Jasmin, Glyzinien, Oleander, Osterglocken, Klematis und Efeu.

Sind Hunde Feinschmecker?

Hyggeli: Oh nein, nicht wirklich. Unsere Geschmacksnerven liegen eher im Koma. Wir können in der Gourmet-Liga nicht mitspielen. Mein Herrchen Peer ist eine Zeit lang auf Molekularküche abgefahren. Ehrlich, ich brauche weder Fruchtspaghetti aus Agar Agar noch mit Trüffelhonig glasierten Heumilchjoghurt und schon gar nicht Melonenkaviar an Gurke mit tibetanischen Kaffeedrops. Gib mir einen rohen Knochen und meine Welt ist in Ordnung. Wir unterscheiden die Grundrichtungen bitter, salzig, süß und sauer voneinander, aber wir haben nur etwa 1700 bis 2000 Geschmacksknospen. Ihr Menschen bringt es auf bis zu 9000.

Der Geschmacksinn arbeitet eng mit unserer feinen Nase zusammen. Wenn das Futter nicht gut riecht, kommt unser Geschmacksinn gar nicht mehr zum Tragen. Auch wir Hunde können uns ekeln. Was wir als wohlriechend empfinden, stimmt allerdings nicht unbedingt mit der menschlichen Wahrnehmung überein. Der Geruch von Pansen erzeugt bei meinem Frauchen Nelli einen Würgereiz. Ich könnte mich reinlegen. Damit es dir beim Öffnen unserer Futterdose nicht übel wird und wir zum Fressen animiert werden, kommen bei Fertigfutter häufig Farbstoffe, Geruchs- und Geschmacksverstärker sowie andere für uns unverdauliche Substanzen zum Einsatz. Das macht das Futter nicht besser und wir können es schlechter verwerten, sichtbar an der Größe und Farbe unserer Hinterlassenschaften.

Zurück zu deiner Frage: Wir sind keine Feinschmecker und geschmacklich brauchen wir keine große Abwechslung beim Futter. Du musst dir nicht jeden Tag ein neues Menü ausdenken und es mit einer Prise von diesem und jenem abschmecken. Mich würde es überhaupt nicht stören, jeden Tag Spaghetti Bolognese zu vertilgen. Wichtig ist vielmehr, dass das Futter ausgewogen ist und uns mit allen essenziellen Elementen versorgt. Und noch wichtiger, dass unser Futternapf gut gefüllt ist und du unsere Mahlzeiten nicht vergisst. Übrigens: Katzen haben nur etwa ein Viertel so viele Geschmacksknospen wie wir und bilden das Schlusslicht unter den Gourmets.

 Frauchen ergänzt:

Wie eine gesunde, ausgewogene Ernährung für Ihren Hund aussieht, hängt von seiner individuellen Disposition, seinem Alter und seinen Aktivitäten ab. Minderwertige Futtermittel und ein nicht ausgewogener Speiseplan führen früher oder später zu einem Mangel an Nährstoffen, Vitaminen, Mineralstoffen und Spurenelementen. Die Folge können Krankheiten und Verhaltensauffälligkeiten sein, die sich erst nach Jahren bemerkbar machen. Das ist nicht anders als bei uns Menschen.
Es ist abenteuerlich, was sich in manchem Fertigfutter alles findet. Nicht immer ist das, was auf der Futterdose steht, auch das, was darinsteckt. Ins Industriefutter werden Knochenmehlprodukte, aber auch Sand, Erde und Abfälle aus der fleischverarbeitenden Industrie gemischt: Hufe, Klauen, Federn usw. Früher war es sogar legitim, Tierkadaver beizumischen. Das soll nicht heißen, das teures Hundefutter grundsätzlich hochwertig ist und preisgünstiges Futter immer schlecht sein muss. Aber wenn der Hund Megahaufen produziert, zeigt dies eindeutig, dass er sein Hundefutter nicht gut verwertet.

Wieso furzt mein Hund so viel?

Luna: Ach Göttchen, das tut mir leid. Ich kenne das. Ich kann dir aber verraten, dass mich Pupsen buchstäblich voranbringt. Es ist eine Erleichterung, wenn ich eine Extradosis Darmgase aus meinem Blähbauch loswerde. Hinter Blähungen können Krankheiten oder unerwünschte Gäste im Darm stecken. Auch Stress kann eine Ursache sein.

Mit einer der häufigsten Gründe für das Knallen und Knattern sind unverträgliche oder gar giftige Lebensmittel. Und dabei ist das Furzen noch eines der kleineren Übel. Ich will dir ein paar Kandidaten nennen, von denen wir Hunde uns fernhalten sollten: Trauben und Rosinen bedanken sich für den Verzehr mit Durchfall und Magenkrämpfen. Wusstest du, dass bereits 14 Gramm Rosinen pro Kilogramm Hundegewicht zum Tod führen können, mindestens aber zu schweren Vergiftungserscheinungen?

Im rohen Zustand verspeist sorgen alle Nachtschattengewächse, also von der Tomate, Aubergine, Paprika bis hin zur rohen Kartoffel für Dünnpfiff und Erbrechen. Andere potenzielle Spielverderber sind Avocados, Brokkoli, Bohnen und Zwiebeln. Gut, Brokkoli ist nicht giftig, aber er reizt unseren Darm unnötig. Das gilt auch für alle Kohlsorten wie Weißkohl, Rosenkohl, Wirsing, Chinakohl und Blumenkohl. Blähungen mit hohen Windgeschwindigkeiten müssen nicht sein. Manchmal kommt bei den Windböen Land mit. Das stinkt nicht nur uns, sondern hinterlässt auch noch unerwünschte Streifspuren.

Kichererbsen bringen uns nicht zum Lachen. Rohe Hülsenfrüchte wie diese oder auch Bohnen und Linsen sind giftig und können neben Durchfall, Erbrechen, Fieber und Magenkrämpfen sogar zu Blutungen im Magen-Darm-Trakt führen. Im gekochten Zustand wird zwar das in diesen Pflanzen enthaltene giftige Phasin unschädlich gemacht, aber es heißt nicht umsonst: „Jedes Böhnchen ein Tönchen."

Ojemine, bloß keine scharfen Gewürze wie Pfeffer, Curry, Chili und Konsorten. Auch Geschmacksverstärker, Salz, Knoblauch, Bärlauch, Schnittlauch usw. – egal, ob als Pulver, roh, gegrillt, gekocht – bitte weglassen. Sie sind Gift für uns und bringen nichts als Ärger mit dem Körper.

Schnauze weg! Alles, was du hier siehst, und noch einiges mehr, ist für uns zumindest ungesund oder sogar giftig.

Bleibe hart, wenn wir an deinem Eis schlecken wollen. Süßstoff und Zucker bringen uns ordentlich ins Schwanken und lösen Krämpfe aus. In höherer Dosis gibt unsere Leber den Geist auf. Milch ist eigentlich gesund, aber es gibt Hunde, die vertragen die Laktose darin nicht und antworten mit Darmgeräuschen und Durchfall. Noch ein Wort zum Süßstoff: Süßstoff kann bei uns Hunden zum Tod führen. In ihm und damit in vielen Lebensmitteln kann der Zuckeraustauschstoff Xylitol enthalten sein, der auch Xylit oder Birkenzucker genannt wird. Wenn wir versehentlich Kaugummis fressen oder kalorienarme Süßigkeiten, können sich bereits 0,1 Gramm des Stoffes pro Kilogramm Körpergewicht fatal auf unseren Blutzuckerspiegel auswirken, was im schlimmsten Fall tödlich endet. Xylitol steckt auch oft in Soßen, Senf, Backwaren und Diätprodukten. Ihr Menschen könnt damit in der Regel gut umgehen, wir nicht!

Nüsse sind ein Riesenthema. Macadamianüsse verhalten sich besonders mies. Bei einem 15 Kilo schweren Hund können bereits vier Nüsse zu Vergiftungserscheinungen wie Steifheit, zu Problemen beim Gehen oder zu Leberschäden führen. Aber auch Erdnüsse können epileptische Anfälle auslösen. Ganz hinterlistig zeigt sich die Walnuss. Insbesondere unreife und frische Walnüsse sowie deren Schalen sind häufig von einem Pilz befallen. Das ist so heimtückisch, weil man den Pilz nicht sieht. Für uns ist das ein gefährliches Gift. Pilze taugen für uns generell nicht. Deren Inhaltsstoffe zersetzen bei uns Vierbeinern das Blut, sind krebserregend und schädigen Nieren und Leber. Pssst, nicht verpetzen: Als meine Rosie noch nicht wusste, wie gefährlich Pilze für mich sind, durfte ich früher immer die Reste von Rosies Teller verspeisen. Besonders mit Trüffel beträufelte Nudeln waren ein Highlight. War nur ein Häppchen und mir ist nichts passiert.

Schnauze weg! – Was hat nichts im Futternapf zu suchen?

Rocky: Du weißt ja schon, dass in meinem Futternapf nichts vermischt werden darf, weil das die Ordnung der Dinge stört. Aber abgesehen von meinem Tick und von all den Sachen, die Luna schon aufgezählt hat, gibt es noch weitere verlockende Übeltäter, die uns in den Hundehimmel schicken können.

Obstkerne sind ziemlich uncool. Jetzt nicht falsch verstehen. Steinobst können wir schon essen, nur eben nicht mit Kernen. Pflaumen, Pfirsiche, Aprikosen, Mirabellen und Kirschen – ohne das Steinchen drin alles kein Problem.

Für uns Hunde gehören alle koffeinhaltigen Getränke in den Verboten-Schrank. Cola, Kaffee und Tee – das vertragen wir nicht. Unser Blutdruck geht durch die Decke, der Puls rast, die Adern verengen sich. Wenn es blöd läuft, bekommen wir Durchfall, müssen uns übergeben, zittern und krampfen durch die Gegend. Das Koffein kann uns vergiften und lebensbedrohlich für unser Herz sein. Das ist auch bei schwarzem oder grünem Tee so. Es dauert nur etwas länger.

Es ist gemein, aber leider dürfen wir an so manchen kulinarischen Highlights unserer Menschen nicht einmal schlecken. Schokolade, Pralinen und alle kakaohaltigen Lebensmittel sind für uns Hunde tabu. Da ist ein spezieller Wirkstoff drin, das Theobromin. Klingt freundlich, aber nur ihr habt ein Enzym, das mit Theo gut fertig wird. Wir nicht! Uns beschert es Durchfall, Erbrechen, Krämpfe, Zittern. Theo vergiftet uns. Das kann bis zum Atemstillstand führen. Es kommt immer auf die Portionsgröße an, aber ein kleiner Hund kann durchaus nach dem Verschlingen von einer Tafel Schokolade sterben. Besonders gefährlich ist dunkle Schokolade mit hohem Kakaoanteil. Und dann gibt es noch den Super-GAU: Zartbitter-Trauben-Mandel-Schokolade.

Die bläst bei uns die Lichter aus. Mandeln bilden in unserem Magen giftige Blausäure. Die wirkt wie ein Nervengift.

Oh, beinahe hätte ich noch ein dringliches Anliegen vergessen: Vor einigen Jahren sind viele Rinder und Menschen am Rinderwahnsinn gestorben. So kann es uns gehen, wenn wir rohes oder schlecht gegartes Schweinefleisch fressen. Da lauert ein bösartiger Vertreter des Herpesvirus drin. Das Ding heißt Aujeszky-Virus. Ist für euch Zweibeiner harmlos, aber bei uns löst es die sogenannte Pseudowut aus. Durch das Virus entzünden sich unser Nervenkostüm und die Hirnhaut. Mit fatalen Folgen. Es beginnt relativ harmlos mit Unruhe, Juckreiz, Erbrechen und Appetitlosigkeit. Kurz darauf sind wir nicht mehr Herr unserer Sinne, bekommen Fieber und Tobsuchtsanfälle. Wir wollen dir nicht das „Tschüss" anbieten, aber nach ein bis zwei Tagen sehen wir den Regenbogen und gehen für immer.

Frauchen ergänzt:

Hunde sind zwar fleischlastige Allesfresser, aber sie dürfen längst nicht alles fressen. Es gibt einige Lebensmittel, die für unsere Hunde im besten Fall unverträglich sind, im schlechtesten Fall tödliches Gift. In welcher Intensität sich die verbotenen Naschereien beim Hund bemerkbar machen, hängt immer von seiner Grundkonstitution ab und von der verzehrten Menge. Übelkeit, Erbrechen, Blähungen, Zittern, Durchfall, Krampfanfälle oder gar Atemstillstand sind unangenehme, schmerzhafte Nebenwirkungen. Auch Medikamente haben in Reichweite eines Hundes nichts zu suchen. Wie schnell fällt eine Tablette auf den Boden und der Hund freut sich über das Leckerli? Gängige Arzneimittel, die fast jeder zu Hause hat, wie Aspirin, Paracetamol oder Ibuprofen sorgen beim Hund für Organschäden wie Magenblutungen und Leberschäden und können in hohen Dosen tödlich sein.

Warum lieben Hunde Knochen?

Lucy: Ein Knochen ist für mich der Jackpot unter allen Schleckereien. Rinderhaxe, meinen Favoriten, gibt es leider nur selten. Ich bearbeite das Teil so lange, bis es spurlos verschwunden ist. Na ja, ganz so spurlos auch wieder nicht: Am nächsten Tag hat mein brauner Haufen weiße Streifen und Flecken. Heimlich ist nicht. Nicht nur das Fleisch am Knochen ist extrem lecker. Im

Knochen selbst ist Fett gebunden und es gibt als weiteres Highlight das Knochenmark. Sandra sagt, fünf Stückchen Maoam Kirsch auf einmal kauen – es müssen fünf und Kirsch sein, nicht vier oder gar Erdbeere – lösen bei ihr eine Genussexplosion im Mund aus. So geht's mir mit Knochenmark. Da läuft mir schon beim Erzählen das Wasser im Maul zusammen. Hammer. So ein Knochen zu zermalmen ist ein hartes Stück Arbeit für unsere Zähne, aber ein schmackhafter Zeitvertreib. Geduldig hole ich auch noch den letzten Rest Fett raus und liege dann glückselig und vollgefressen auf meiner Decke.

Frauchen ergänzt:

Ein Knochen ist nicht nur eine tolle Beschäftigung, die das Hundegebiss ordentlich fordert. Der Fettanteil hat einen großen Nährwert und in Knochen steckt außerdem Kalzium – wichtig für den Hund in der Wachstumsphase und später für den Erhalt seines Skeletts.
Ein Tipp noch: Geben Sie Ihrem Hund besser rohe Knochen und niemals Geflügelknochen. Diese splittern schnell und können böse Verletzungen im Hals und im gesamten Verdauungsapparat verursachen. Das mit der Splittergefahr gilt für alle gekochten, gebratenen oder auf andere Weise gegarten Knochen. Außerdem schwitzt beim Kochen das Knochenfett aus, es schmilzt förmlich dahin. Aber genau das ist es, was Ihr Hund so liebt. Rohe Knochen wie Rindermarkknochen oder Kalbsknochen stehen hingegen nicht nur ganz oben auf der Genuss-Hitliste, sondern sind zudem längst nicht so gefährlich. Aber wie immer gilt: Nicht jeder Hund verträgt Knochen gleich gut und es hängt auch von der verzehrten Menge ab.

Wieso verschlingen Hunde ihr Futter im Nullkommanix?

Mrs Buddy: Nina schaut mich heute noch fassungslos an, wenn sie stundenlang leckeren Eintopf mit Kartoffeln, Karotten, Zucchini und Rindfleisch für mich gekocht hat und ich das Abendessen dann in 10 Sekunden, na ja, manchmal auch 11, vertilgt habe.

Beim Essen sind wir Hunde keine Genießer.

Aber wir Hunde können nicht wie ihr so genüsslich auf unseren Mahlzeiten herumkauen. Der Grund ist einfach: Wir können überhaupt nicht richtig kauen! Dazu haben wir nicht das passende Gebiss. Wir besitzen ein Scherengebiss mit 42 Zähnen, darunter kräftige Reißzähne und Backenzähne, die selbst den härtesten Knochen zermalmen können. Alles, nur keine Kauzähne. Früher mussten wir unsere Beute selbst fangen und zerreißen. Da hat niemand etwas für uns klein geschnitten und eingeweicht. Wir schnappen uns das Futter und geben ordentlich Speichel dazu. So wird alles schön „rutschig" gemacht, mühelos mit der Zunge in die Speiseröhre katapultiert – weg ist es. Der Vorgang der Nahrungsweiterbeförderung dauert nur 5 bis 10 Sekunden. Außerdem, ich gestehe, habe ich auch immer Angst, dass mir mein Napf weggenommen wird. Das ist zwar noch nie passiert – außer zum Nachfüllen –, aber man kann ja nie wissen. Manchmal baut Nina mit Quark oder Frischkäse eine Bremse ins Futter ein. Das schluckt sich dann nicht ganz so leicht runter.

Meiner Tante Zazu kann ich beim Fressen gar nicht zuschauen. Sie schleckt Ewigkeiten am Futter rum. Bis sie mal loslegt, ist meine Schüssel schon leer. Aber meistens lässt sie mir etwas übrig und ich darf die Reste aus ihrem Napf fischen.

Zum Wassertrinken benutzen wir unsere Zunge wie eine Schöpfkelle.

Warum steht die Küche unter Wasser, wenn mein Hund trinkt?

Rasmus: Na, weil wir gar nicht anders trinken können. Das geht nicht ohne Pfützen. Wir trinken nicht, wir schlabbern, und dabei wird es laut und feucht. Wir tauchen die Zunge kurz ins Wasser ein und ziehen sie unter maximaler Beschleunigung wieder raus. Wie in einer Minischaufel bildet sich eine Wassersäule. Dann schnappen wir zu und beißen damit sozusagen die Wassersäule ab. Das ist schon höhere Physik, wie wir das machen. Ich wette, kein Mensch könnte das so sauber nachahmen, ohne dabei viel größere Wasserlachen zu verursachen. Unsere Katze macht das übrigens genauso. Sie hat auch diese „Kellentechnik". Nur ist ihre Zunge erstens viel kleiner als meine und zweitens können Katzen ihre Zunge nicht ganz so rasant beschleunigen. Dadurch verspritzen sie weniger.

Wieso sollte man Hunde nicht vom Tisch füttern?

Amy: Als ich bei Rudolph eingezogen bin, ist öfter mal etwas vom Tisch gefallen. Für einen verfressenen Australian Shepherd wie mich ist jede Zugabe willkommen. Also lag ich ständig unterm Esstisch, sabbernd und in freudiger Erwartung. Manchmal gab es eine Schleckerei, manchmal nicht. Betteln führt nicht immer zum Erfolg, aber meistens konnte Rudolph meinem hungrigen Blick nicht standhalten. Bis zu dem Tag, an dem es in Rudolphs Lieblingsrestaurant höllisch Ärger gab. Ich lag aufgeregt unterm Tisch und inhalierte all die verschiedenen Düfte. Ein Eldorado, dieses Restaurant. Rudolph war zu beschäftigt mit seinen Freunden. Kein Stück Schweinsbraten, keine Pommes fanden den Weg zu mir. Dann sah ich unter dem Nachbartisch ein kleines Kind, das mit irgendetwas spielte. Was für ein Glück. Eine Brezel. Und da ich mir sicher war, dass dieser kleine Bub seine Brezel mit mir teilen würde, stellte ich mich triefend über ihn und fragte freundlich mit einem Schnauzenstupser nach. Ups, der Junge brüllte los und die Brezel flog über den Boden. Wie nett, ich bekam die ganze Brezel. Ich jagte ihr hinterher, verhedderte mich in der Tischdecke und es flogen Gläser, Teller, Besteck und noch mehr Leckereien auf mich zu. Huch, ganz schön heiß das Zeug.

Für mich gab es von da an erst mal keine Restaurantbesuche mehr. Das Pfeffersteak von der Mutter des Jungen ist mir gar nicht gut bekommen. Zu Hause darf ich nicht mehr unter dem Esstisch liegen und ich habe Bettelverbot bekommen.

Frauchen ergänzt:

Der Hauptgrund, warum man Hunden keine Essensreste vom Tisch geben sollte, liegt bei den Gewürzen und unverträglichen Nahrungsmitteln. Viele Gewürze, die für uns das Essen erst so richtig schmackhaft machen, sind für Hunde schlecht verträglich oder giftig. Es kommt natürlich immer auf die Menge und die Konstitution des Hundes an. Scharfe Gewürze wie Pfeffer, Chili oder Curry können beim Hund Zittern, Erbrechen, Durchfall, Blähungen oder Magenbeschwerden hervorrufen. Zu viel Salz schädigt die Nieren. Rosmarin enthält ätherische Öle, die bei Hunden krampffördernd wirken. Muskatnuss kann zu Orientierungslosigkeit bis hin zur Atemlähmung führen. Zudem verursacht heißes Essen Bauchweh, und es gibt jede Menge Lebensmittel, die für Hunde tabu sind, wie Luna und Rocky schon erläutert haben.
Manche stört auch das Betteln. Wenn ein Hund einmal Erfolg beim Betteln hatte, wird er es immer wieder tun, auch wenn er gelegentlich leer ausgeht. Die Vielfalt an Essensgerüchen in einem Restaurant versetzt einen Bettelhund in Stress, denn er hat nichts anderes mehr im Kopf als seine Strategie, wie er an die Köstlichkeiten kommen kann. In vielen Hotels und Restaurants sind Hunde im Speisesaal verboten. Zum einen, weil sich Gäste gestört fühlen könnten, aber auch, weil es unhygienisch ist, wenn ein Hund am Büfett seinen Kopf schüttelt und der Speichel in alle Richtungen spritzt.

Warum kann es Hunden den Magen umdrehen?

Lucy: Wir waren mit dem Auto unterwegs nach Österreich. Sandra musste tanken und hatte Druck auf der Blase. Mir war es langweilig im Auto, bis ich eine große Packung Trockenfutter entdeckte. Es gab kein Halten mehr, ich stopfte eine Krokette nach der anderen in mich rein. Göttlich. Sandra hatte das gar nicht mitbekommen. Sie kam zurück und ließ mich über die weit hinter dem Parkplatz gelegenen Wiesen sausen. Plötzlich wurde mir schlecht. Ich legte mich kurz hin. Auch nicht besser. Hinlegen, aufstehen, hinlegen. Die Kroketten kamen mir hoch, aber ich konnte mich nicht übergeben. Ich hechelte, würgte, wurde immer unruhiger. Ich wollte etwas Wasser aus einer Pfütze trinken, aber es ging nichts rein. Inzwischen war mein Bauch so groß wie ein Ballon und mich verließen die Kräfte. Ein anderer Gassigänger sah mich und lief aufgeregt zu Sandra. Dann ging alles blitzschnell. Der Mann und Sandra trugen mich ins Auto. Ich konnte nicht mehr aufstehen. Ab in die nächste Tierklinik, die glücklicherweise nur eine Autobahnausfahrt weiter war. Ich hatte eine Magendrehung. Notoperation.

Du willst wissen, was bei einer Magendrehung passiert? Unser Magen ist nicht fest angewachsen. Er hängt flexibel an Bändern. Das hat den Vorteil, dass wir große Futtermengen fressen können, da er sich in alle Richtungen ausdehnen kann. Bei mir war das fatal. Das Trockenfutter quoll im Magen auf und durch die große Menge drehte sich der Magen um die Bänder herum. Der Magen im Kopfstand. Dadurch sind dann beide Ausgänge versperrt – nach oben über die Speiseröhre und nach hinten raus. Es bilden sich Gase, der Bauch bläht sich überdimensional auf. Die Gase und das Futter finden keinen Ausweg mehr. Durch die schnelle Operation ist es bei mir noch mal gut gegangen, aber sehr oft endet eine Magendrehung tödlich.

Erkranken kann daran übrigens jeder Hund in jeder Größe und in jedem Alter. Allerdings haben Hunde mit einem großen Brustkorb, also Dobermänner wie ich sowie Molosser, Doggen, Boxer, Beaucerons und Schäferhunde, ein erhöhtes Risiko. In unserem Körper hat der Magen besonders viel Platz, sich um die eigene Achse zu drehen.

149

Frauchen ergänzt:

Sandra hat die leere Krokettentüte erst nach der Notoperation gesehen. Lucys Glück im Unglück war, dass der andere Hundebesitzer die Situation sofort erkannt hat und die Tierklinik keine 10 Minuten entfernt war. Bei einer Magendrehung zählt jede Minute.

Lange war man überzeugt, dass Herumtollen nach dem Fressen eine Magendrehung begünstigt. Bei Lucy war das so, aber man kann nicht ausschließen, dass es nicht auch bei einer ruhigen Weiterfahrt im Auto passiert wäre. Heute zeigen Studien, dass die meisten Magendrehungen aus Ruhepositionen heraus entstehen. Ich weiche das Futter von Mrs Buddy vorsorglich in Wasser ein, damit es nicht erst im Magen aufquillt. Und die verzehrte Menge spielt natürlich eine Rolle. Ohne chirurgischen Eingriff überlebt ein Hund eine Magendrehung nicht. Sofort handeln und am besten schon auf dem Weg zur Klinik mit dem Tierarzt Ihren Verdacht besprechen, damit er die Operation vorbereiten kann.

Weshalb packen Hunde andere Tiere im Nacken und schütteln sie?

Mrs Buddy: Zu meinem dritten Geburtstag machte mir Frauchen eine besondere Freude. Sie schenkte mir ein frisches Kuheuter von unserem Biometzger um die Ecke. Meine Güte, was für ein Sinnesfeuerwerk! Aber wie kriege ich das Ding klein? Dass unser Gebiss nicht zum Kauen gemacht ist, weißt du ja schon. Bei Valina hatte ich gesehen, wie sie Mäuse tötet. Vielleicht ging es auf diese Weise? Ich packte also das Euter und schüttelte es mit aller Maulkraft. Immer hysterischer, weil das Euter so zäh war und nicht nachgab. Ich wollte ein Stück abreißen, es irgendwie zerfetzen. Oh, abgerutscht. Schon flog es

durch das Wohnzimmer. Peng. Wandlandung. Ich war wie im Vollrausch. Aufgeben war keine Option. Schütteln, reißen, schleudern, kaputtkriegen. Nach mehreren Flügen und Crashs kam ich meinem Ziel langsam näher. Doch nun wollte mir Frauchen mein Geschenk wegnehmen, selbst die Einzelteile, die schon großzügig verteilt auf dem Boden, dem Sofa und an der Wand klebten. Nix da. Ich ließ die Reste des Kuheuters nicht mehr aus meinen Fängen, bis ich es endgültig zerfetzt hatte und es in Sicherheit vor Frauchen in meinem Bauch war. Ui, Frauchen, warum hast du denn plötzlich so miese Laune? Hat der Rasenroboter das Maiglöckchen wieder überfahren? Egal, was für ein toller Geburtstag! Erschöpft und glücklich lag ich auf meiner Decke, während Nina Wände und Boden wischte. Jeder lebt seine Freude eben anders aus. Meine Hoffnung auf ein weiteres Kuheuter wurde nicht erfüllt. Zu meinem vierten Geburtstag bekam ich ein orthopädisches Hundebett. So ändern sich die Zeiten.

Wölkchen: Wenn wir im Nacken zupacken und kräftig schütteln, ist Ernstkampfstimmung angesagt. Der Hund, der ein anderes Lebewesen, ob Hase, Maus, Ratte oder sonst was, im Nacken packt und kräftig schüttelt, hat Tötungsabsicht. Das ist kein Spaß mehr. Da geht es ums Lynchen mit dem Ziel, durch das Schütteln das Genick zu brechen. Es gehört zu unserem Repertoire aus dem Beutefangverhalten.

Viele Menschen denken, die Hundemutter würde durch Nackenschütteln ihre Welpen zur Vernunft bringen, wenn diese übermütig ihre Milchzitzen zu ruinieren drohen oder auf andere Weise an Muttis Nerven zerren. Keine normale Hundemutter würde das tun. Im Welpenlager kann man sehen, dass die Mutti ihre Welpen im Nacken packt, um sie an eine andere Stelle zu tragen. Das macht sie aber sehr sanft. Garantiert ohne Schütteln und Beschädigungsabsicht.

Foto: Shutterstock.com/Ria_Kochmarjova

Als Erziehungsmaßnahme ist es eine schlechte Idee, seinen Hund zur Bestrafung im Nacken zu packen und durchzuschütteln. Das würdest du mit mir genau einmal machen. Es ist für mich ein Übergriff, der mich ängstigt und wütend macht. Bei Frauchen würde ich noch etwas zögern, aber jeder andere Mensch, der mir so etwas antut, kriegt eine klare Antwort. Soll heißen, ich beiße zu, und mein Vertrauen in diese Person entschwindet.

Wieso springt mein Hund an mir hoch und will mein Gesicht ablecken?

Bruno: Tja, viele Menschen denken, wir hätten einen Liebesanfall, der sich in einer Serie feuchter Küsse entlädt. Enttäuschung! Wir tun das aus reinem Eigennutz und aus Gier. Gier nach Futter. Als ich noch auf der Straße lebte, hatte ich bei meiner Hundemama damit gelegentlich Erfolg. Etwa ab der dritten, vierten Lebenswoche, sobald ich etwas sicherer auf meinen wackligen Beinen stehen konnte, sprang ich an ihrer Halsseite hoch. Ich wedelte, so kräftig es ging, freundlich mit dem Schwanz und stupste ihre Schnauze mit meinem Mäulchen an, leckte Mamas Maulwinkel und die Lippen ab. Wenn ihr Maul gerade offen stand, dann nichts wie rein. So geht Futterbetteln durch Schnauzenstoß. Mit ein bisschen Glück würgte Mama Nahrung raus, die ich fressen durfte. Oder sie war genervt und es gab was auf die Mütze. Wir schrien zwar manchmal, aber unsere Mama ging mit uns sehr behutsam um und verletzte uns nicht. Entweder drohte sie kurz oder sie ging einfach genervt davon. Am häufigsten bettelte ich nach Futter, wenn Mama eine Zeit lang nicht bei uns im Welpenlager war. Dann standen die Chancen gut, dass sie gerade gefressen hatte. Vielleicht hatte sie mir ja etwas mitgebracht?

Genau deswegen springen wir an unseren Menschen und an Besuchern hoch. Strahlend begrüßen, Demut zeigen, Kulleraugenblick und abschlecken. Eure Schnauze ist leider so verdammt hoch. Manchmal schaffen wir es nur bis zum Knie oder Bauch und bleiben im T-Shirt hängen.

Wie so vieles, haben wir das von den Wölfen geerbt. Wildhunde oder Wölfe tragen die erlegte Beute im

Hochspringen ist für uns ein normales Verhalten. Du musst uns beibringen, das bei Menschen nicht zu tun.

Foto: Shutterstock.com/Ryan Brix

Magen zu ihrem Nachwuchs. Über lange Strecken ist das nicht nur einfacher, sondern gibt auch viel sichereren Schutz vor Futterdieben. Die Kleinen schlecken an den Lefzen oder am Maul der Eltern, was einen Würgereiz auslöst, durch den das Futter herauskatapultiert wird. Wusstest du, dass Wölfe bis zu 20 Prozent ihres eigenen Körpergewichts in den Magen stopfen können? 40 Kilo Lebendgewicht Wolf können 8 Kilo Köstlichkeiten anschleppen. Wenn ich ein Wolf wäre, könnte ich unbemerkt 20 Stück 400-Gramm-Dosen Reinfleisch mit mir herumschleppen.

Frauchen ergänzt:

Bei einem süßen kleinen Welpen wird das Hochspringen und Ablecken als niedlich empfunden. Aber spätestens, wenn sich 20, 30 oder 50 Kilo in Bewegung setzen, hört der Spaß auf. Das Abschlecken im Gesicht kann auch unhygienisch werden,

je nachdem, was Ihr Hund zuvor verschlungen hat. Sie tun Ihrem Welpen nichts Böses an, wenn Sie in die Hocke gehen und das Abschlecken zunächst auf Ihre Hand umlenken, die leichter erreichbar ist. Das erspart ihm das Hochspringen. Das Futterbetteln ist die ursprüngliche Motivation zum Hochspringen. Viele Hunde zeigen auch genau dieses Verhalten, um Aufmerksamkeit zu bekommen oder als Beschwichtigungssignal in einem Konflikt.

Warum beißen sich Hunde gegenseitig in die Schnauze?

Rasmus: Ach, es sieht nur so aus, als ob wir zubeißen würden. Ich kann mir denken, dass es gefährlich aussieht, wenn wir riesigen Herdenschutzhunde mit unserem großen Maul das untereinander machen. Ist es aber nicht. In Wirklichkeit nehmen wir die Schnauze oder auch den Kopf eines anderen Hundes

Sieht wild aus, ist aber nur ein fröhliches Spiel.

Foto: Shutterstock.com/Vyseleva Elena

meist nur ins Maul, wenn wir zusammen spielen. Und das auch nur bei Vierbeinern, zu denen wir eine vertrauensvolle Bindung aufgebaut haben.

Unsere tierischen Eltern nutzen den Schnauzengriff als erzieherische Maßnahme. Meine Geschwister und ich lernten dadurch schon als Welpen, Distanz zu halten und das richtige Maß an Kraft beim Umfassen des Mauls. Es ist ein intimes, zartes Signal, sanft, nicht aggressiv. Beriechen, belecken – alles in freundlicher, spielerischer Absicht. Es soll ja nicht wehtun, im Gegenteil. Ein Schnauzengriff beziehungsweise Schnauzenbiss kommt stets in Verbindung mit anderen wohlwollenden Kommunikationssignalen. Bessere Worte dafür wären Schnauzenlecken, -knabbern oder Schnauzenzärtlichkeit. Denn darum geht es. Nicht um Strafe. Meine Schwester Laika jammerte ein bisschen rum, als unsere Mutter das zum ersten Mal machte. Sie legte sich auf den Rücken und die Liebkosungen konnten sanft weitergehen.

Wieso haben es Hunde auf Jogger abgesehen?

Chantal: Ich finde nicht nur Jogger spannend, sondern auch Radfahrer und E-Scooter. Alles, was sich bewegt, löst meinen Jagdtrieb aus und ich will hinterher. Ich kenne kaum einen Hund, dem es ums Zubeißen geht. Für mich als Dackel ist es der reine Jagd- und Spieltrieb. Viele Jogger machen ja auch mit. Sie rennen immer schneller. So wird das Ganze viel interessanter. Und früher hat mein Herrchen sogar mitgespielt. Er lief schreiend hinter mir und dem Jogger her. Für mich ein Heidenspaß. Bei den E-Scootern komme ich manchmal ganz schön aus der Puste. Dafür kann ich mit Mountainbikern umso besser mithalten. In schwierigem Gelände bin ich sagenhaft wendig und schnell. Besonders reizvoll finde ich nach wie vor Walker. Die kommen mit ihren überdimensionalen Stöcken daher und beugen sich so weit nach vorn, dass man meint, sie würden gleich überkippen. Vorderkörpertiefstellung, klare Spielaufforderung! Dazu immer dieses Klack-klack-klack. Aber Achtung: Walker sind mit Vorsicht zu

genießen. Das kann ich dir flüstern: Ich bin einmal an einen ganz hinterfotzigen Walker geraten. Leck mich, der hat mich mit seinen spitzen Stöcken attackiert. Erst zum Spiel animieren, dann zuschlagen. Ich war empört!

Ob der Hund böse Absichten beim Verfolgen hat, siehst du recht gut daran, wie steif sein Körper ist. Wenn mein Schwanz locker runterhängt und dabei wedelt, meine Muskeln entspannt sind, ich mit dem Popo wackle und dich freundlich anschaue, dann will ich mich nur amüsieren. Wenn ein Hund dich mit erhobenem Kopf verfolgt, seine Rute steif nach oben zeigt, seine Bewegungen nicht harmonisch weich sind und er auch noch in tiefem Ton knurrt oder gar die Zähne fletscht, ist Alarm angesagt.

Was du tun sollst, wenn dich ein Hund verfolgt, der dir nicht geheuer erscheint und der den Rückruf seines Frauchens oder Herrchens nicht befolgt? Wenig sinnvoll ist es, abrupt stehen zu bleiben, den Hund zu fixieren und in Schockstarre zu verfallen. Das würden wir Hunde eher als Bedrohung werten und du puschst uns damit hoch. Wahrscheinlich umkreisen wir dich dann und bellen lauthals zur Einschüchterung. Wegrennen wird dir auch keinen Erfolg bringen, denn im Zweifel haben wir den längeren Atem. Am schnellsten verlieren wir das Interesse an dir, wenn du immer langsamer wirst und dann zum Stehen kommst. Ignoriere uns, schaue über uns hinweg. Tue so, als ob wir gar nicht da sind.

Ob du auch „Stopp, aus!" rufen könntest, fragst du dich? Kannst du. Ein gut erzogener Hund wird das Signal verstehen. Aber ehrlich, wenn es Frauchen nicht schafft, ihren Hund unter Kontrolle zu kriegen, dann musst du schon sehr selbstsicher auftreten, damit der fremde Hund deinen Befehl annimmt.

Ach du lieber Pimmel!

Ist Nasenkontakt ein hündischer Kuss?

Lady: Ich habe gern Schnauzenkontakt, aber nicht grundsätzlich mit jedem Hund. Nur wenn von dem anderen Hund keine Bedrohung ausgeht, wenn ich ihn als ungefährlich einstufe oder schon gut kenne. Am liebsten mache ich das bei Welpen, kleinen Katzennasen und bei Babys, die auf dem Boden herumkrabbeln. Mit so manchem Pferd würde ich auch gern Schnauzenkuscheln. Aber da komme ich beim besten Willen nicht hoch und die übersehen mich auch meistens. Der Schnauzenkontakt ist nicht wirklich ein Kuss, eher ein Begrüßungsritual. So wie es manche Menschen mit einem Küsschen auf die Wange machen. Wir können das andere Lebewesen dadurch besser einschätzen. Okay, Genitalkontrolle durch Schnüffeln ist noch spannender als der Nasenkontakt. Aber es gibt einen weiteren Grund, warum wir uns mit den Schnauzen berühren. Beim Beschnüffeln der Nase rieche ich automatisch den Atem des anderen Hundes und weiß so, ob er gerade Nahrung aufgenommen hat. Vielleicht ist ja noch etwas Futter in der Nähe?

Wie machen Hunde Sex?

Rasmus: Ich habe als Deckrüde das große Los gezogen und habe das schon oft gemacht. Geht kinderleicht und ist eigentlich immer das Gleiche. Wir sind

Ein richtiger Kuss ist das nicht, aber ein Begrüßungsritual.

Foto: Shutterstock.com/Meesin

beim Sex nicht so erfinderisch wie Menschen. Ich schlafe fast nur noch draußen bei meinen Schafen, weil mir das im Haus zu laut ist, wenn Herrchen und Frauchen grunzen und schreien, sich verbiegen und zu akrobatischen Höchstleistungen auflaufen. Herrje, und bis die mal zur Sache kommen.

Wir haben nur eine Stellung: die Doggy-Position eben. Wenn die Hündin Bock auf mich hat – was unverständlicherweise nicht immer so ist –, dann dreht sie mir ihren Hintern zu und macht mit der Rute etwas Platz. Ich mache ihr den Hengst. Von hinten steige ich auf sie auf, Blick nach vorn zu ihrem Kopf. Mein Heiligtum findet dann unbeirrt seinen Weg in sie hinein. Mit den Vorderbeinen halte ich die Dame an der Hüfte fest. So kann ich besser wippen, ohne abzurutschen, und es kommt richtig Druck auf die Pipeline. Wäre schade, wenn ich mein kostbares Gut verkleckern würde. Das dauert nicht lange, 30 bis 90 Sekunden vielleicht, dann habe ich mein Pulver verschossen.

Danach wird's ein bisschen akrobatisch. Während mein kleiner bester Freund es sich noch in der Dame gemütlich macht, steige ich seitlich von meiner Hündin ab und drehe ihr den Hintern zu. Wir bleiben dabei aber fest verknotet und hängen noch eine Weile Popo an Popo aneinander fest. Es kann schon mal 10 Minuten oder auch eine Stunde dauern, bis sich mein Schniedel beruhigt hat und wieder zusammenschrumpft. Erst dann trennen wir uns. Das war's.

Im Deckrüdenmodus darf ich Glückspilz mein Mädel mindestens zweimal beglücken. Das erhöht die Chance, dass sie trächtig wird. Güle güle und tschüss.

Warum soll man Hunde beim Sex nie gewaltsam trennen?

Einstein: Mal ehrlich, was ist denn das für eine Frage! Würdest du das wollen? So oft kommen wir nun auch nicht zum Zug. Außerdem habe ich keine Lust, bis an mein Lebensende in eunuchenhaften Tönen zu singen: „Wer hat mein Glied so zerstört, Pa …!" Abgesehen davon, dass wir keine Spaßverderber brauchen, ist das Trennen bei uns nämlich auch technisch problematisch. Unser bestes Stück ist nach dem Erguss noch sehr stark geschwollen und gleichzeitig zieht sich bei der Hündin die Muskulatur

zusammen. Zack – Blockade, der Weg hinaus ist versperrt. So kommt mein kleiner Freund da nicht unversehrt raus. Deswegen hängen wir auch noch eine Zeit lang ineinander fest, bis sich alles beruhigt hat. Wenn mich jetzt ein Mensch von meiner Hundedame wegzerrt, sage ich schon mal „Tschüss" zu meiner Vorhaut. Das tut höllisch weh. Mir, aber auch meiner Sexpartnerin. Wir können uns böse verletzen. Das muss man kontextsensibel lösen. Ja, ich weiß schon, manche Menschen wollen keine Hundebabys. Und nein, wir ziehen keine Lümmeltüten über unseren kleinen Freund. Nur, wenn Menschen uns voneinander trennen, während wir noch verknotet Hintern an Hintern stehen, ist es eh zu spät. Meinen Babyanteil habe ich mit einem Gruß aus meinem Spermienreservoir dann schon geleistet. Wenn wirklich etwas Ungewolltes passiert ist, gibt es für die Hündin „die Pille danach".

 Frauchen ergänzt:

Eingreifen während des Deckakts kann für beide Hunde sehr schmerzhaft sein. Wenn die beiden „fertig" sind, können Besitzer einer Hündin noch am gleichen Tag einen Termin beim Tierarzt vereinbaren, um ungewollten Nachwuchs zu verhindern. Dort bekommt die Hündin eine Spritze, vergleichbar mit der „Pille danach". Die Spritze hat Nebenwirkungen und es kann zu einer Gebärmutterentzündung kommen. Die Hündin wird zudem recht schnell wieder läufig, da die Spritze den Hormonhaushalt durcheinanderbringt. Tipp für Besitzer eines unkastrierten Rüden: Bei vielen Hundehaftpflichtversicherungen sind die Folgekosten eines ungewollten Deckakts mit abgesichert.

Was bedeutet es, wenn mein Rüde seinen Penis „ausgefahren" hat?

Rasmus: Auch wenn es so aussieht, ist das nicht unbedingt ein Zeichen sexueller Erregung, vor allem nicht, wenn wir das gegenüber Frauchen oder Herrchen zeigen. Es bedeutet fast immer, dass wir sehr, sehr aufgeregt oder gestresst sind. Meistens hecheln wir dann auch oder gähnen übermäßig.

Auch wenn es hier so aussieht: Romantisch veranlagt wie ihr Menschen sind wir Hunde nicht.

Wie oft kann eine Hündin läufig werden?

Valina: Normalerweise sind wir zweimal pro Jahr läufig. Das hängt von der Größe und Konstitution der Hündin ab. Ich bin wie ein Uhrwerk. Alle 31 Wochen ist es bei mir so weit. Rüden sind das ganze Jahr über einsatzbereit. Bei den Wölfen ist das nicht so. Die Wölfin hat nur einen Zyklus im Jahr und der Wolf will nur in den Wintermonaten. Wölfe brauchen ihre Energie zum Jagen und haben vielleicht deswegen nicht ständig Sex im Kopf.

Beim ersten Mal war ich neun Monate alt und verwundert, als ich den blutigen Ausfluss sah. Dachte kurz, ich sei von innen krank und würde womöglich verbluten. Aber mein Frauchen Angie war keineswegs beunruhigt und die Rüden in meinem Dorf fanden es auch große Klasse. Na ja, jedenfalls verfolgen mich die Rüden in diesen drei Wochen der Läufigkeit mit lechzender Zunge auf Schritt und Tritt. Das ist schon fast Stalking, was sich so mancher Vierbeiner einfallen lässt.

Ich war mal allein zu Hause und stand hinter der Balkontür. Da sah ich, wie Einstein, der zwei Straßen weiter wohnt, angaloppiert kam und mit einem Riesensatz über unseren Gartenzaun sprang. Das war knapp. Fast wären seine Kronjuwelen eine Verbindung mit dem Zaun eingegangen. Ich wusste gar nicht, wie hoch ein Pudel springen kann. Jedenfalls stand er wimmernd und heulend vor dem Fenster und konnte sich gar nicht mehr beruhigen. Einstein kam nicht zum Zug. Ich würde mich nicht wundern, wenn er mir eines Tages meine Lieblingskaudrops mit Hirschgeschmack vor die Tür legt, um mich herauszulocken.

Wann sind die „gefährlichen" Tage bei der Hündin?

Hyggeli: Viele Rüden wollen unbedingt ihr Erbgut weitergeben. Die tun einem fast schon leid. Aber mein Frauchen Nelli lässt keinen Hund an mich ran und ich bin, zumindest in der ersten Zeit, sehr zickig. Ich weiche meinen Verehrern aus, belle sie weg und schnappe durchaus mal zu, wenn es mir zu bunt wird. Innerhalb der etwa dreiwöchigen Läufigkeit sind es sowieso nur fünf oder sechs „heiße" Tage, an denen ich mich begatten lassen würde. Das siehst du daran, dass wir Hündinnen den Kontakt zu Rüden suchen und unseren Schwanz zur Seite wegdrehen, wenn wir am After beschnuppert werden. Dann sind wir einsatzbereit. Sonst bleibt die Büchse zu. Die fruchtbaren Tage werden mit dem Eisprung ab dem 10. Tag der Läufigkeit eingeleitet. Zu Beginn der Läufigkeit ist mein Blut meist dunkelrot. Helles Blut ist einer der Indikatoren, dass ich deckbereit bin. Den genauen Zeitpunkt kann der Tierarzt durch den Hormongehalt im Blut bestimmen. In diesen „gefährlichen" Tagen gehen wir zu anderen Uhrzeiten spazieren, damit die Herrenwelt nicht völlig rammdösig wird.

Bei den meisten Hündinnen setzt die erste Läufigkeit zwischen dem sechsten und zwölften Lebensmonat ein. Ich war das erste Mal mit 14 Monaten läufig. Kleine Rassen haben einen Vorsprung durch Frühreife, wir großen Rassen sind eher Spätzünder.

Gibt es Scheinschwangerschaften bei Hündinnen?

Amy: Oh ja. Meine Schwester Bacci und ich waren immer zur gleichen Zeit läufig. Nur wurde ich tatsächlich trächtig und Bacci hat eine Trächtigkeit vorgegaukelt. Da spielen die Hormone verrückt, denn die werden nach der Läufigkeit auch dann produziert, wenn die Hündin nicht von einem schicken Rüden beglückt wurde. Bei Bacci traten die ersten Anzeichen einer Scheinträchtigkeit etwa drei Wochen nach der Läufigkeit auf und dauerten mehrere Wochen an. Bei manchen Hündinnen bemerkt man keine oder nur minimale Verhaltensänderungen. Sie sind etwas schlapper als sonst. Bacci hingegen durchlief alles, was der Emotionstunnel zu bieten hatte. Erst verkroch sie sich jammernd und melancholisch in die hinterste Ecke. Zeitweise besorgten mich ihre depressiven Schübe so sehr, dass ich dachte, sie stürzt sich gleich die Kellertreppe runter. Tat sie nicht. Stattdessen verschmähte Bacci die Kochkünste von Frauchen Raquel. Gut für

Scheinschwangere Hündinnen kümmern sich oft um Spielsachen, als wären es echte Welpen.

mich. Ich enttäuschte Frauchen nicht und schnabulierte eifrig die Reste. Dann drehte sich Baccis Stimmungsbarometer auf höchste Aggression. Gleichzeitig wurde mein Schwesterlein extrem anhänglich und baute eine statisch nicht haltbare Höhle für ihre nicht vorhandenen Welpen.

Während ich nach etwa zwei Monaten schon eine gewaltige Kugel unter mir herschob und kurz vor der Entbindung stand, nahm Bacci ihre Scheinmutterschaft sehr ernst. Durch das Elternhormon Prolaktin stellen wir Hunde uns auf die Betreuung und Versorgung unserer Minis ein. Meine Schwester hat sogar Milch produziert. Sie hat sich gründlich auf die nicht stattfindende Geburt vorbereitet.

Bis etwa drei Wochen nach der Geburt signalisieren viele Hundemütter eine ausgeprägte Angriffsbereitschaft gegenüber anderen Hunden und Menschen, die sich dem Welpenlager nähern. Auch bei Scheinmüttern kann sich was im Kopf verhaken und sie zeigen diesen Verteidigungsmechanismus zum Schutz ihrer hilflosen imaginären Babys. Meine Schwester verschleppte sämtliches Spielzeug und verteidigte es energisch. Du hättest mal den verwunderten Blick unseres Meerschweinchens sehen müssen, als Bacci anfing, das Schweinchen zu pflegen und sein Fell abzulecken. Wenigstens hat sie ihr Quietschkrokodil nicht gezwungen, an den Zitzen zu nuckeln. Übrigens: Verhaltensweisen, die mit einer Scheinträchtigkeit in Verbindung stehen, können durch die bloße Anwesenheit eines Welpen oder Kleinkinds im Haus ausgelöst werden. Oder auch, wenn du selbst gerade schwanger bist. Manchmal weiß dein Hund, dass du schwanger bist, bevor du es weißt!

 Frauchen ergänzt:

Die Hormone lösen nach jeder Läufigkeit eine Scheinträchtigkeit aus. Die Frage ist nur, wie stark und ob sie sich im Verhalten der Hündin widerspiegelt. In der Regel gibt es keinen Grund zur Besorgnis, es ist ein hundsnormales Verhalten. Es sei denn, die Hündin benimmt sich aggressiv oder apathisch oder leidet an einem entzündeten Gesäuge. Dann braucht die Scheinmutti Ihre Hilfe und gegebenenfalls einen Tierarzt.

Kann eine Hündin von zwei Rüden gleichzeitig geschwängert werden?

Amy: Wir Hundemädels sind nur an wenigen Tagen während der Läufigkeit im Bereitschaftsmodus. Wenn jedoch zwei verschiedene Rüden an diesen „heißen" Tagen auf mir rumhoppeln, kann es zu einer Doppelbelegung kommen: ein Wurf mit zwei Vätern. Die Haltbarkeitszeit des Spermas eines knackigen Rüden beträgt bis zu sieben Tage. Wir Hündinnen produzieren mehrere befruchtungsfähige Eizellen. Deshalb kann es vorkommen, dass die Welpen nicht gleich alt sind, der Deckzeitpunkt nicht mit dem Befruchtungszeitpunkt übereinstimmt und auch, dass die Welpen von unterschiedlichen Vätern sind. Dabei können lustige Würfe herauskommen: Die Beagledame und der Dobermann erzeugen Beabermänner, mit dem Dalmatiner werden es bunte Beamaltiner.

 Frauchen ergänzt:

Nach der Befruchtung schließt sich die Eizelle, sodass kein weiteres Spermium eindringen kann. Dadurch ist sichergestellt, dass kein Welpe Erbgut von zwei Vätern trägt. Trotz Doppelbelegung haben die einzelnen Welpen nur einen Vater und können nicht zu Beabermannmaltinern werden.

Genießt mein Hund Welpenschutz und wie lange dauert der?

Servus! Ich bin **Enzo**, ein Deutscher Schäferhund. Nina hat mich gebeten, diese Frage zu beantworten, weil ich in der Nachbarschaft von Mrs Buddy wohnte, als sie im Welpenalter war. Ich bin sehr gut erzogen, extrem geduldig und eigentlich mag ich Welpen total gern. Aber als die kleine neun Wochen alte Mrs Buddy in unsere Straße zog, war es vorbei mit meiner Ruhe und Ausgeglichenheit. Ich war damals schon fünf Jahre alt und hatte Probleme mit der Hüfte. Nicht jeden Tag, aber die Schmerzen wurden immer schlimmer. Mein Herrchen und Nina gingen oft zusammen Gassi. Der Wirbelwind Mrs Buddy raubte mir dabei den letzten Nerv. Sie sprang an mir hoch, forderte

Es gib keine Garantie, dass wir erwachsenen Hunde immer freundlich zu Welpen sind.

oto: Shutterstock com/Mary Kazelki

mich zum Spielen auf, störte mich beim großen Geschäft, wollte mich abschlecken. Sie war ständig in Aktion. Anfangs ließ ich mir das noch gefallen, weil sie so eine fröhliche Zeitgenossin war. An einem Tag hatte ich keine Lust auf einen Spaziergang, weil mir alles wehtat. Und wer sauste im Turbomodus auf mich zu? Mrs Buddy. Sie machte einen Satz und sprang auf mich drauf. Das war zu viel und tat mir weh. Ich knurrte sie an, sie verstand nicht. Ich schüttelte sie von mir weg, rammte sie mit den Schultern, knurrte noch mal dunkler und lauter mit ernstem Blick und schnappte in ihre Richtung in die Luft. Letzte Warnung. Wenn sie jetzt nicht aufhörte, würde es knallen. Wow, das hatte gesessen. Mrs Buddy warf sich auf den Rücken, leckte sich über die Lippen, setzte ihren Unschuldsblick auf und wurde ganz kleinlaut. Ab diesem Zwischenfall war Ruhe. Sie hatte ihre Lektion gelernt und tiefen Respekt vor mir. Manchmal forderte sie mich noch zum Spielen auf, aber längst nicht mehr so penetrant. Hätte sie

sich nicht ergeben, ich sag's dir, ich hätte zugebissen, um sie zur Vernunft zu bringen, egal ob Welpe oder nicht. Für nervige kleine Fellschnauzen gibt es weder Welpenschutz noch Narrenfreiheit, auch wenn sie noch so niedlich sind.

Mrs Buddy: Oh ja, ich erinnere mich. Da hatte ich wohl einen schlechten Tag bei Enzo erwischt. Auweia, das hätte blöd enden können. Als er zum zweiten Mal knurrte und mich mit diesem Ich-töte-dich-gleich-Blick weggestoßen hat, habe ich es kapiert und mich ergeben. Es ist nichts weiter passiert. Meine Mutti hat das auch nicht anders mit mir und meinen Geschwistern gemacht, wenn wir über die Stränge geschlagen haben. Keine gute Idee, bei Mutti an den Zitzen zu zerren, wenn die Milchbar geschlossen ist. Es hagelte klare, deutliche Maßregelungen, Grenzen wurden gesetzt. Plumps, lagen wir auf dem Boden. Wir waren nicht böse auf sie. Mit neun halbstarken Welpen ging es oft sehr wild bei uns zu.

Frauchen ergänzt:

Es gibt keinen generellen Welpenschutz. Im eigenen Rudel verteidigen und beschützen die Elterntiere und größeren Geschwister in den ersten Lebenswochen den noch hilflosen Nachwuchs vor Eindringlingen und Gefahren. Sie sind oft ausgesprochen tolerant gegenüber überdrehten Welpen, die erst noch lernen müssen, wo ihre Grenzen sind. Aber schon früh beginnt die Mutterhündin, Familienregeln aufzustellen, die Kleinen in ihre Schranken zu weisen. Mrs Buddys Mama machte das sehr souverän. Es ist durchaus möglich, dass sich ein erwachsener Hund mit Welpen gut versteht, nachsichtig ist und sich scheinbar alles bieten lässt. Eine Unversehrtheit garantiert das aber keineswegs. Es kommt auch vor, dass Hündinnen fremde Welpen angreifen. Vor allem, wenn die Hündin läufig ist oder selbst gerade Welpen aufzieht. Wenngleich sehr selten, kann es vorkommen, dass die Mutter ihre Welpen nicht annimmt, attackiert oder tötet.

Warum begatten Hunde unschuldige Besen, zerfetzen ihr Stofftier oder schütteln den Lampenschirm zu Tode?

Chantal: Das mit dem Lampenschirm und dem Stofftier kann ich dir erklären. Ich habe schon einige Stofftierchen zu Tode geschüttelt und unserer Tischlampe gingen durch mich die Lichter aus. Es ist mir egal, was ich zu greifen bekomme. Wenn ich meinen Jagdinstinkt nicht ausleben kann und schon lange nicht mehr in einem Fuchsbau war, dann suche ich mir ein anderes Opfer. Ich schnappe mir auch gern die Pantoffeln meines Herrchens und schüttle dann meinen Kopf wie ein Headbanger wild hin und her. Manchmal fange ich eine imaginäre Maus. Ich jage sie durch die Wohnung, packe sie, schlucke sie runter und lege mich zufrieden hin. Kann ja nichts daran ändern, dass es keine echten Mäuse in unserem Haus gibt. Aber so verrückt wie Bruno bin ich noch nicht. Er buddelt Löcher und tut so, als ob er einen Knochen vergraben würde. Dann schaufelt er ordentlich Luft auf den nicht vorhandenen Knochen, drückt mit der Schnauze drauf und fertig ist sein Versteck.

Einstein: Ach, es muss gar nicht zwingend der Besen sein, den ich begatte. Kürzlich hat mich mein Herrchen Max erwischt, als ich mit voller Inbrunst den Blumentopf bearbeitete. Ein Putzlappen oder ein Tischbein tun es auch. Das passiert schon mal, wenn ich über längere Zeit meinen Sextrieb nicht ausleben und noch nicht einmal den lockenden Geruch einer läufigen Hündin schnüffeln konnte. Ich muss mich abreagieren, sonst zerreißt es mich und meine Spermien fressen sich gegenseitig auf …

Frauchen ergänzt:

Der österreichische Zoologe, Nobelpreisträger und Verhaltensforscher Konrad Lorenz prägte den Begriff der Leerlaufhandlung. Nach seiner Instinkttheorie führt das Tier eine normalerweise sinnvolle Instinkthandlung „im Leerlauf" aus (nicht vorhandene Mäuse jagen), wenn sein Trieb es überkommt und/oder der spezifische Reiz (läufige Hündin) zu lange ausgeblieben ist. Eine andere Verhaltensweise, die teilweise als Leerlaufhandlung gezeigt wird, ist das Zurechtrücken von imaginären Decken zum Bau eines Schlafplatzes auf nacktem Boden.

Foto: Shutterstock.com/qSPDoKYp

Das sogenannte Aufreiten kommt auch unter gleichgeschlechtlichen Hunden vor. Mit Sex hat es dann nichts zu tun – schon eher mit Wichtigtuerei. Es kann auch dem Stressabbau dienen.

Gibt es lesbische und schwule Hunde?

Rasmus: Mir klingt heute noch klar und deutlich Frauchens entsetzter Aufschrei in den Ohren, als ich auf unserem Border Collie Tyson herumgehoppelt bin: „Oh nein, Rasmus! Du machst mich gerade zu Deutschlands einziger Züchterin mit einem schwulen Deckrüden. Bleibt nur zu hoffen, dass du bisexuell bist. Sonst war's das mit der Zucht."

Natürlich ist es Teil unseres Sexualverhaltens, wenn ein Hund sich auf die Hinterbeine stellt und dabei mit den Hüften von der Seite oder von hinten zustößt. Nenne es aufreiten oder besteigen. Das Rammeln passiert genauso zwischen zwei Hündinnen oder zwei Rüden wie zwischen Rüde und Hündin, ob sie nun kastriert sind oder nicht. Jeder „treibt" es mit jedem. Wir haben dabei aber nicht zwangsläufig Sex- und Fortpflanzungsgedanken im Kopf. Vielmehr ist es häufig ein Zeichen von Imponiergehabe, Wichtigtuerei, Spielerei oder Stressabbau. In dem Fall wollte ich Tyson nur klarmachen, dass ich hier der Chef bin.

Das mit dem Rammeln geht schon in der Welpenzeit los, bevor wir überhaupt wissen, was Sexualität bedeutet. Ich bin mit vier Geschwistern aufgewachsen. Unter uns Kangals ging es oft heiß her. Das kann ein Kräftemessen sein oder nur ein Spiel. Meine Schwester Laika war mir ständig unterlegen. Ich bin fast täglich auf sie draufgehopst. Manchmal auch nur, um Stress rauszulassen. Laika und ihre Schwester Laola vergnügten sich abwechselnd mit penetrantem Besteigen. Bei meinem Bruder Rusty durfte ich nicht einmal daran denken. Der hat mein Aufreiten im Ansatz erstickt. Er hat nach mir geschnappt und mich auf den Rücken geschmissen. Aua. Diese Art des Aufreitens ist losgelöst vom Geschlecht. Das ist weder als sexuelle Aufforderung zu verstehen, noch deutet es auf gleichgeschlechtliche Vorlieben hin. Der aufreitende Hund ist nicht schwul.

Foto: shutterstock.com/Spiky and l

Salut,
lieber Leser
und Hundefreund,

ich habe fertig. Mehr Stoff passt nicht in dieses Buch und mein Grips ruft nach Auftankzeit. Erst mal alles gesagt, leer geplappert, die Pfoten wund geschrieben. Hast du noch fünf Minuten Zeit für mich? Ich bin neugierig, ob dir „Mensch, frag mich doch einfach!" Denkanstöße, coole Impulse, Aha-Momente und ein besseres Verständnis für deinen Lieblingsvierbeiner beschert hat. Wenn es dir gefallen hat, schreibe mir doch bitte ein paar Zeilen auf den bekannten Online-Portalen wie Amazon, Thalia, Hugendubel oder so. Durch deine Bewertung werden auch andere Hundebesitzer auf mein Buch aufmerksam und es kann für viele Hunde, Frauchen und Herrchen das Leben an beiden Enden der Leine ein Stück weit besser machen. Luna würde jetzt vorschlagen: „Pssssst … wenn dir mein Buch nicht gefallen hat, behalte es für dich!" Ich sage: Schreibe mir trotzdem. Ich kann gut mit konstruktiver Kritik umgehen, und du weißt ja, wir Hunde können nicht weinen und sind nicht nachtragend.

Ich bin auch weiterhin für dich da. Deine Fragen zum Buch beantworte ich dir gern. Schicke dein Briefchen an: MrsBuddy@nina-sauer.com, und du kannst mit einer zeitnahen Antwort rechnen, wenn ich nicht gerade Frauchen bespaße, sie auf ihrem SUP durch den See ziehe oder mit ihr zum Grab von König Ludwig schwimme.

Einstein kneift mich gerade in meine zarte Pfote, damit ich es nicht vergesse: Meine Freunde aus dem Club der weisen Hunde und ich danken dir von ganzem Herzen, dass du unser Lebenswerk gekauft hast und uns ein paar Stunden deiner Zeit geschenkt hast.

Für heute ist es „Time to say good-bye", wir machen eine Schreibpause und begeben uns auf den Erholungspfad. Irish Setter Wölkchen liegt schon philosophierend auf der Veranda, träumt von rosa Hirschen in seinem La-La-Land und sagt „Tschau". Ein herzliches „Pfiate!" ruft Beagle Butkus, der sich bequem von seinem Herrchen mit dem Lastenfahrrad durch die Straßen rollen lässt. Mopsdame Luna bekommt nun eine neue Futtermischung, furzt längst nicht mehr so viel und sagt „Ahoi!". Der entzückende Goldie Rocky ist leider zwischenzeitlich über die Regenbogenbrücke gegangen und schickt dir liebevolle Grüße aus einem anderen Leben. Labrador-Vizsla-Mischling Valina wartet noch immer auf den Tag, an dem Hähne Eier legen können und sie wieder ihr geliebtes Sonntagsei bekommt. Für heute meldet sie sich mit dem ungarischen Gruß „Viszontlátásra!" ab. Königspudel Einstein ruft „Servus und baba!". Er nutzt jetzt erst mal seine Freizeit, um lustwandelnd, stets dem Duft der Weiblichkeit folgend, durch den Ort zu spazieren. Der pubertierende Airedale Terrier Bruno kämpft sich Schritt für Schritt aus der Insolvenz seines Hirns heraus und sagt: „Mach et joot un meld dich ens!" Hovawart Happy lebt seine berühmten „Happy Flashs" weiterhin am liebsten mit Maggie und den niedlichen Mäusen im Stall aus. Er wünscht dir alles Gute und hofft, dass du seine Dienste als Rettungshund nie in Anspruch nehmen musst. Kangal Rasmus schwebt im Glück, denn sein Frauchen hat über elitepartner.hund ein Begattungstreffen mit der reizenden Kangalin Kira arrangiert. Mit „Güle güle und tschüss" verabschiedet er sich für eine Weile. Ein freundliches „Hasta la vista!" kommt von der Bordsteinprinzessin Lady, die noch immer hofft, eines Tages ihre havaneserischen Talente im Zirkus ausleben zu können. Der sanftmütige Husky Simba ist mit seinem Frauchen auf einer Klettertour in den Schweizer Bergen und hat sich mit einem hoffnungsvollen „Uf Wiederluege!" abgemeldet. Dobermannfrau Lucy hat ihrem Frauchen Sandra versprochen, vor dem Frühstück keine ethischen Grenzen mehr zu überschreiten und ihre Schnauze von gelben Blumen fernzuhalten. Sie sagt: „Bis später, Leute!" Dackeline Chantal steckt mit ihrem Kopf schon in freudiger Erwartung in einem Fuchsbau, aber es bleibt noch Zeit für ein kurzes „Horrido und Hussassa!". „Cheerio" kommt von der unwiderstehlichen Aussie-Dame Amy. Sechs ihrer sieben Zwerge entwickeln sich großartig bei ihren neuen Adoptiveltern. Sohn Spiky ist bei Amy geblieben und steht mit seinem Talent beim Fährtensuchen seiner Mutter jetzt schon in nichts nach. Und auch nicht beim Klauen von Essbarem. Wolfshündin Hyggeli fragt nach, ob du dich noch an ihr Lebensmotto erinnerst. Genau. Hakuna Matata! Und das ist es, was sie dir und deinem Hund von Herzen wünscht.

Au revoir, lieber Leser und Hundefreund, ich wäre dann jetzt bereit, abgeholt und ans Meer gebracht zu werden.

Herzlichst, deine Mrs Buddy

Fotos: Shutterstock.com/Ermolaev Alexander; Shutterstock.com/Toloubaev Stanislav

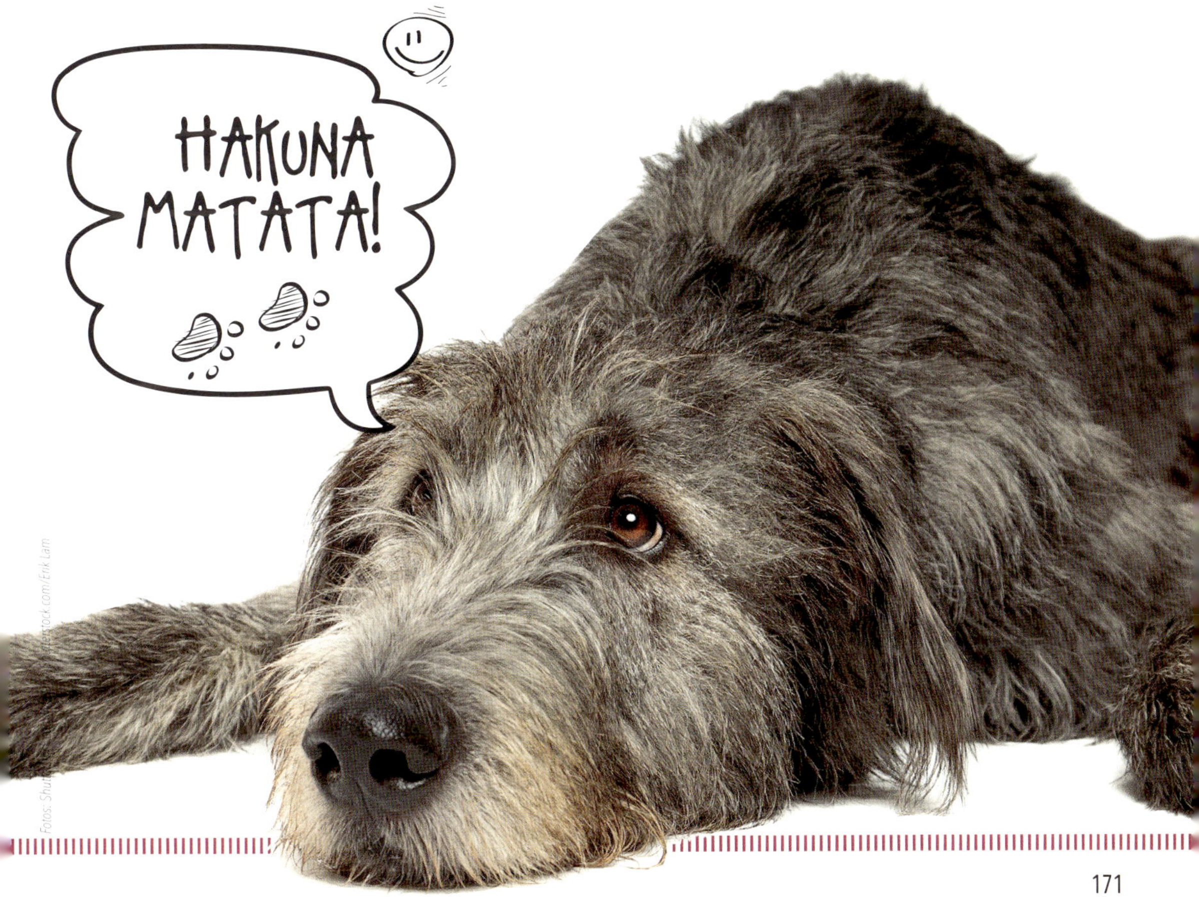

Danke!

Ohne meine Freunde vom Club der weisen Hunde und die vielen anderen Helfer hätte ich „Mensch, frag mich doch einfach!" nicht geschafft. Gut, dass wir Vierbeiner nicht unter den Achseln schwitzen können. Bei mir hätte jedes Deo versagt. Also habe ich fleißig vor mich hin gehechelt, mit meinen Pfoten ordentlich in die Tasten gehauen, tagelang recherchiert und glaubwürdige Statistiken und Studien zurate gezogen, die ich mir nicht selbst ausgedacht habe. Wenn es gar nicht voranging, grunzte ich unseren Saugroboter an oder verabredete mich mit anderen Kotgesinnten zum Schnüffeln, Herumtollen und Spielen. Schon Friedrich Nietzsche sagte: „Wer ein starkes WARUM hat, erträgt auch jedes WIE!" Oh, abgeschweift. Ich wollte mich ja bedanken.

Mein erster Dankesgruß geht an meine leibliche Hundemama von den „Wächtern aus Bayern". Sie hat mich, die Erstgeborene, und meine acht Geschwister zusammen mit dem Züchter Nikolaus Kugler souverän, geduldig, verständnis- und liebevoll durch die ersten aufregenden Wochen unseres Lebens geführt und auch danach noch lange begleitet. Nikolaus sagte immer: „Hund bedeutet Heilung." Für mein Frauchen Nina war das jedenfalls so.

Ein Exposé für ein Buch zu erstellen ist kein Pappenstiel. Ich musste häufig ins Selbsthilferegal greifen und mein Konzept noch mal überdenken. Gott sei Dank standen mir in dieser Zeit Dominik Ortlepp, Anne Aschenbach, Sylvia Bayer, Andreas und Christiane Marks, Alexandra Böhme, Jasmine Hoffmann und Anette Forré mit Rat und Tat zur Seite und lösten so manchen Knoten in meinem Oberstübchen. Aufgeben war keine Option. Richtungsweisende Impulse setzte meine liebenswürdige, aufmunternde Agentin Ute Flockenhaus, der es mit ihrem einfühlsamen Wesen und ihrer Tatkraft gelang, das Team vom CADMOS Verlag für unsere

Die Shootings für dieses Buch waren eine echte Herausforderung. Erst hat Nina mich zu Hause vergessen und dann sollte ich auch noch im Fotostudio mit einer fremden Ente kuscheln.

außergewöhnliche Buchidee zu gewinnen. Ohne all die fleißigen Hände beim CADMOS Verlag wäre dieses Buch nie erschienen. Angefangen bei der Geschäftsführerin Brigitte Millan-Ruiz, die mir ihr vollstes Vertrauen schenkte, über die fantastische grafische Umsetzung von Gerlinde Gröll bis hin zur unermüdlichen grandiosen Vermarktung und Pressearbeit von Martina Selinger und Angelika Miszori gab es noch so einige Kollegen, die im Hintergrund die Fäden zogen. Ich bedanke mich herzlichst und schicke ein besonders großes Dankeschön an meine Lektorin, Maren Müller, die akribisch, geduldig und einfühlsam den Feinschliff in meine Worte brachte. Ich habe gespürt, dass Bücher ihre Leidenschaft sind, besonders wenn sie sich als begeisterte Hundehalterin mit viel hündischem Know-how und Liebe zur Sprache einbringen kann.

Viele der schönen Fotos von mir im Buch sind bei Fotosessions aus den Kreativköpfen meiner Freunde Ollie Hauck und Flo Thallmair entstanden. Das erste Shooting gestaltete sich besonders herausfordernd, da mein Frauchen Nina mich, das top gestylte Model, zu Hause vergessen hatte. Fährt mit unseren Requisiten ohne mich los. Ja geht's noch? Auf halber Strecke hat sie es bemerkt und wir kamen mit Verspätung am Set an. Habe ich mich erst mal vor lauter Stress in eine Pfütze geschmissen und mich neben Frauchen kräftig ausgeschüttelt. Bei den Actionfotos hat ihr Gesicht nach meiner Pfote verlangt. Autsch, blutige Lippe. Sie weiß doch, dass ich kein Feinmotorikwunder bin. Kein gutes Motiv, so ein eingesautes blutendes Frauchen. Na ja, umfallen, aufstehen, Krönchen richten, weitermachen. Und noch was zu meinem Freund Ollie: Er war der erste Mensch, der mich nach meiner Geburt in den Händen hielt. Für ihn war ich seine Erstgeborene. Wir haben auch heute noch eine innige Verbindung und ich würde mir wünschen, dass er und Frauchen mich begleiten, wenn ich eines Tages ins Regenbogenland spaziere.

Als Hüterin meiner Emotionen konnte ich meine Freundin Annette Reinke gewinnen. Stimmt schon, ich habe mich beim Schreiben des Manuskripts ab und an reingesteigert, wenn es um schlechtes Hundefutter, Ungerechtigkeiten oder gar Qualzuchten ging. Feinfühlig und mit Engelsgeduld überarbeitete Annette in mehreren Durchgängen mein Manuskript, bremste meine Gefühlsergüsse und machte mein Buch ein ganzes Stück weit besser. Am Ende wusste ich schon: Das kriege ich so nicht durch, das fliegt raus im Zuge des Annette-Endkorrekturgesetzes. Danke, Annette, für deine Lektionen in Impulskontrolle und dass du immer ein offenes Ohr für mich hattest.

Für die fachliche Überprüfung meiner Hirnergüsse spreche ich ein dickes Dankeswort an die Tierpsychologin, Dozentin und Autorin Katrin Schuster von der Tierberatung Bodensee aus.

Meine physische Gesundheit verdanke ich meiner fürsorglichen Tierärztin Alexia Plochmann. Sie hatte so manches Mal alle Hände voll zu tun, mich zusammenzuflicken. Meinen beiden Kreuzbandrissen folgten Herzprobleme durch Schlangenbiss, eine eingerissene Wolfskralle, zwei gebrochene Fußknochen, Schulterquetschungen, und den Rest habe ich abgelegt unter: „Ich will nicht mehr darüber sprechen."

Unbedingt muss ich noch meine herzensgute Lieblings-Ersatzhundeoma Nina Kayser erwähnen, die mir seit meiner Welpenzeit ein wunderbares zweites Zuhause schenkt mit vielen ausgelassenen Stunden beim Fußballspielen und bei unseren ausgedehnten gemeinsamen Waldexpeditionen.

Ganz doll bedanken möchte ich mich bei Christoph Rüscher von der Hundeschule Lexlupo im Bregenzer Wald. Er hat meinem Frauchen Nina die Augen geöffnet. Sie hat tapfer und mit viel Selbsterkenntnis so manchen Berg physisch und emotional mit mir gemeistert. Wir haben uns neu kennengelernt. Durch Christoph hat Frauchen verstanden, warum wir Hunde sind, wie wir sind, und welche Zutaten außer Wissen, Verständnis, Geduld, Authentizität und Selbstreflexion nötig sind, um eine vertrauensvolle Hund-Mensch-Bindung aufzubauen und zu erhalten.

Oje, peinlich, jetzt hätte ich doch beinahe vor lauter Lauter mein Frauchen Nina vergessen. Bei ihr weiß ich gar nicht, wo ich anfangen soll mit dem Loben und Preisen. Deswegen mache ich es ganz kurz und sage nur: Ich bin ein echter Glückspilz. Sie wird immer den größten Platz in meinem Herzen einnehmen. Ich werde stets an ihrer Seite sein und möchte mit keinem Hund der Welt tauschen.

Jetzt setze ich mich in den Gute-Laune-Express und biete für heute das Tschüss an. Danke sagt …

Mrs Buddy!

Frauchen ergänzt:

Liebe Mrs Buddy,
als du im Alter von neun Wochen vor Energie strotzend einen festen Platz in meinem Leben und Herzen einnahmst, befand ich mich als alleinerziehende Hundemutter im Workaholic-Modus und war dank meinen eher limitierten Hundekenntnisse hoffnungslos überfordert. Helfende Hände, die sich vor deinem Einzug mir angeboten hatten, waren plötzlich verschwunden. Nach über 25 erfolgreichen Jahren als internationale Führungskraft wäre mir nie in den Sinn gekommen, dass so ein kleines Wesen wie du mein gewohntes Leben auf den Kopf stellen könnte. Worte wie Planungssicherheit, Pünktlichkeit, Sauberkeit, etwas im Griff haben oder gar Vorhersehbarkeit verloren an Bedeutung. Ich weiß nicht mehr, wie oft du mein Auto vollgekotzt hast und wie häufig ich im Matsch lag, weil ich dich an der Leine nicht bändigen konnte. Beängstigend war auch dein Versuch, als erste europäische Hündin den Gardasee allein zu überqueren. Eindrucksvoll, wie du in einem Fünfsternehotel die Telefonanlage aus

der Wand gerissen hast und die Stehlampe auf dem Fernseher landete. Schmerzvolle Erfahrungen machtest du, als du dir beim „großen Geschäft" die Wolfskralle eingerissen hast. Beim Schaukeln in den Gardinen ist dein halbes Milchgebiss draufgegangen, die Vorhänge auch. Seidenstrümpfe zu tragen gab ich schnell auf, helle Kleidung landete im Tabuschrank. Meine liebevoll zubereiteten Fleisch-Gemüse-Eintöpfe verschlangst du in drei Sekunden. Dankbarkeit und Genuss gehen anders. Ist ja nicht so, dass ich dir nur kalt gepressten Kopfsalat an Basilikum serviert hätte.
Meine Vermutung war ohnehin, dass du heimlich Vitalpilze und Aktivnüsse frisst. Woher sollten sonst deine Energieschübe kommen? Schließlich hatte ich dich ja nicht aus einer Welpenklappe geklaut, um mir ein besonderes Überraschungspaket ins Haus zu holen. Du kamst aus einer guten Familie mit einer souveränen, ausgeglichenen Hundemama, die es im Lauf ihres schönen Lebens irgendwie ohne Google, Hundeschulen und Fachliteratur geschafft hat, 22 Hündinnen und 21 Rüden liebevoll auf das Leben vorzubereiten. Und ich stand oft fassungslos da und fragte mich, warum du bist, wie

du bist, und tust, was du tust – oder auch nicht! Ungebremst schlitterte ich in eine handfeste Sinneskrise. Die Wende läuteten deine beiden schmerzhaften Kreuzbandrisse ein, die uns beide nach deinen Operationen in zwölfwöchige Isolation schickten. Zeit zum Entschleunigen. Zeit, uns neu kennenzulernen, füreinander da zu sein. Keine Dienstreisen mehr, keine Hundesitter, kein Treppensteigen. Das ebenerdige Wohnzimmer war von nun an mein Büro, unsere Schlaf- und Spielstätte. Nachdenken, Innehalten, Erkennen, was wirklich wichtig ist: du – Mrs Buddy. Das war der Auftakt zu einem wundervollen Neubeginn, den ich dir zu verdanken habe.

Ich gab meinen Job auf, ging zurück in die Selbstständigkeit und absolvierte ein dreijähriges Studium zur Tierpsychologin. In keinem meiner bisherigen Business-Coachings, Seminare und unzähligen Büchern aus meinem Selbsthilferegal habe ich je so viel, so intensiv und effektiv über mich und mein Verhalten gelernt wie durch das Leben mit dir, Mrs Buddy. Viele deiner Emotionen, die auf meiner „Nicht-erwünscht-Liste" standen, schlummerten auch in mir. Ich erkannte, dass ich nichts von dir verlangen kann, was ich nicht selbst vorlebe. Ich musste mich ändern. Ungeduld, Wut, Nervosität, Stress, Ungerechtigkeit – das musste weg. Ich habe mich viel zu sehr darauf fokussiert, was du nicht konntest, statt darauf, was du noch lernen oder bereits herausragend konntest.

Liebe Mrs Buddy, du hast mich vor Freunden und Fremden blamiert, mich bespitzelt, bist in meine Seele eingedrungen und hast mir gezeigt, dass nicht immer das geschieht, was ich will. Du hast mir verziehen, wenn ich im Stechschritt durch den Wald rannte und vergaß, wie wichtig deine Kot- und Urininspektionen für dich sind. Du sprühst vor Lebensfreude, du urteilst nicht über mich und entschleunigst mich. Du fragst dich nicht, ob du wirklich mit mir alt werden willst. Du tust es einfach.

Du hast mein Herz berührt von der ersten Sekunde an. Freundschaft und Bindung sind wie eine Tür: Sie kann manchmal quietschen, sie kann klemmen, aber sie ist und war nie verschlossen. Du hast mich Geduld gelehrt, mir einen Spiegel vorgehalten, mich zur Selbstreflexion ermutigt und mich durch deine faszinierenden sozialen Fähigkeiten wachgerüttelt.

In der Tierpension hast du die Gruppe zusammengehalten und dich rührend um den schüchternen, verängstigten Wolfshund Billy gekümmert. Du hast deine Ersatzhundemutter Nina Kayser in den schwierigsten Tagen ihres Lebens am Sterbebett ihres Mannes aufgemuntert. Deine Schnauze finde ich auf meinem Bauch, wenn es bei mir mal wieder so sehr Montag ist, dass es wehtut. „Frauchen, wir schaffen das, alles wird gut!", sagen mir wortlos deine treuen braunen Augen.

Du bist authentisch, souverän, ein grobmotorisches Sensibelchen auf vier Pfoten. Multitasking hast du mir abgewöhnt. Du machst dir nichts aus schicken Autos, Designerklamotten und teuren Urlauben. Ein klatschnasser Stock und viele Tannenzapfen reichen dir. Reich oder arm, doof oder pfiffig, hübsch oder hässlich – es interessiert dich nicht. Du hast mir dein Herz geschenkt und gibst mir das Gefühl, selten, besonders und außergewöhnlich zu sein.

So gut ich kann folge ich deiner Lebensdevise, im Hier und Jetzt und nach dem Teta-Prinzip zu leben: totale Entspannung, totale Action. Du bist nicht nachtragend, eine Weltmeisterin im Verzeihen. Du stehst morgens wohlgelaunt mit grunzendem Weckruf und voller Tatendrang mit deiner grauen Schnauze an meinem Bett. Die Tiere und Menschen, die du liebst, schleckst du enthusiastisch ab. Du lässt die Ohren nicht hängen, wenn etwas schiefgelaufen ist, und hast mir gezeigt, dass man keine Schnute ziehen muss wegen Dingen, die vielleicht passieren könnten.

Ich möchte den Tag nicht missen, an dem du im Alter von vier Jahren das erste Mal gebellt und dich darüber sehr erschrocken hast. Oder dein erster Furz, bei dem du deinen Popo mit größter Verwunderung darüber angeschaut hast, dass auch dieser Töne von sich geben kann. Ich liebe das kleine Zucken an deiner Oberlippe, wenn du beim Frisbeespielen nicht mehr aufhören kannst zu grinsen. Nach menschlicher Zeitrechnung bist du nun schon über 70 Jahre alt. Deine graue Schnauze und deine von der Schwerkraft heimgesuchten Lefzen nehmen keinen Einfluss auf den Turbo, den du zündest, wenn du dich ausgelassen in freier Natur austobst. Früher haben mich deine Haare genervt. Heute möchte ich mir gar nicht vorstellen, wie es eines Tages ist, wenn ich mal keine Haare mehr von dir finde. Und ich bedanke mich für all die Geschenke, die du mir in den vergangenen Jahren gemacht hast: 4927 mit braunem Etwas prall gefüllte Geschenktüten! Danke, dass es dich gibt, Mrs Buddy!